纺织服装高等教育"十三五"部委级规划教材

服装CAD实训

魏 莉◎编著

东华大学出版社
·上海·

内 容 提 要

  本书主要对PGM服装CAD平面制板和三维试衣新版本软件进行系统的介绍，详细介绍了服装CAD制版、推板、三维试衣工具的功能及其操作说明，并通过实例介绍了PGM服装CAD软件的操作应用方法。该书所介绍的PGM服装CAD软件不仅有平面制板部分，还有将所制板型假缝进行三维试衣部分，可以更好地检验学习者的打版技能，能够快捷、准确地调整所绘板型的尺寸，并通过三维试衣检验修改效果。本书对服装纸样方面的研究带来一定的便利，并提供了可靠、可操作性的操作系统，具有一定的实用价值。

图书在版编目（ＣＩＰ）数据

服装CAD实训/魏莉编著. —上海：东华大学出版社，2018.1
 ISBN 978-7-5669-1309-8

Ⅰ.①服… Ⅱ.①魏… Ⅲ.①服装设计—计算机辅助设计—AutoCAD软件 Ⅳ.①TS941.26

中国版本图书馆CIP数据核字（2017）第275398号

责任编辑：马文娟 李伟伟
封面设计：戚亮轩

服装CAD实训
FUZHUANG CAD SHIXUN

编 著：魏 莉
出 版：东华大学出版社（上海市延安西路1882号）
邮政编码：200051
本社网址：http://www.dhupress.dhu.edu.cn
天猫旗舰店：http://dhdx.tmall.com
营销中心：021-62193056 62373056 62379558
印 刷：上海盛通时代印刷有限公司
开 本：787mm×1092mm 1/16
印 张：16.5
字 数：528千字
版 次：2018年1月第1版
印 次：2018年1月第1次印刷
书 号：ISBN 978-7-5669-1309-8
定 价：39.80元

前　言

服装 CAD 是在电脑应用基础上发展起来的一项高新技术，实现了服装的款式设计、结构设计、推档排料、工艺管理等一系列设计的计算机化。服装 CAD 最大限度地提高服装企业的"快速反应"能力，主要体现在提高工作效率、缩短设计周期、降低技术难度、改善工作环境、减轻劳动强度、提高设计质量、降低生产成本、节省人力和场地、提高企业的现代化管理水平和对市场的快速反应能力等。

PGM 是美国推出的服装 CAD，它采用标准的 Windows 图标操作模式，使操作者获得最大的操作界面，工具选择方便。PGM 服装 CAD 软件中的打板工具盒具有丰富的点线、修改、编辑、开褶等功能，能够满足纸样设计的多种需要。PGM 服装 CAD 的放码部分即放码推档系统拥有多种放码方式：点放码、角度放码等。放码推档系统是服装 CAD 效益最为明显的模块之一，可以代替手工放码，节约了大量的时间，大大的提高了放码工作效率。

三维虚拟试穿系统（3D Runway）是 PGM 服装 CAD 的一大亮点，该系统通过内嵌到样板制作 PDS 软件中，从而真正的实现了从 2D 到 3D 的同步操作，使平面纸样的修改和三维虚拟试穿效果变得更加直观。PGM 服装 CAD 的三维虚拟试穿系统拥有详尽的人体模特库，同时具有人体尺寸调整功能，操作者可以根据需要，对人体各部位的尺寸进行调整，还可调整模特的肤色、站立姿势等。三维虚拟试穿系统可以按照实际样板的缝合方式，将 PDS 中的平面样板在电脑里虚拟缝合起来，从而摆脱传统的反复制作样衣过程。三维虚拟试穿系统提供了模特动态走秀模块，该模块可让操作者更全面、更直观地把握试衣效果，同时，可通过该系统提供的高精度照相机功能，拍摄任何角度下的三维效果照片，以供设计师查看。

本书采用 PGM 平面制板和三维试衣 PDS11 板本进行了系统的介绍，按章节依次介绍了服装 CAD 制板、推板、三维试衣工具的功能及其操作说明，并通过实例介绍了 PGM 服装 CAD 软件的操作应用方法。本书为服装纸样方面的研究带来一定的便利，为服装纸样这一领域的研究提供了可靠的操作系统，具有一定的实用价值。

编　者

目 录

第一章　服装 CAD 制板概述

第一节　服装 CAD 发展概况

服装 CAD 是服装电脑辅助设计（Computer Aided Design）的简称，是在电脑应用基础上发展起来的一项高新技术，实现了服装的款式设计、结构设计、推档排料、工艺管理等一系列设计的计算机化。服装 CAD 将人和计算机有机地结合起来，最大限度地提高了服装企业的"快速反应"能力，在服装工业生产及其现代化进程中起到了不可替代的作用。主要体现在提高工作效率、缩短设计周期、降低技术难度、改善工作环境、减轻劳动强度、提高设计质量、降低生产成本、节省人力和场地、提高企业的现代化管理水平和对市场的快速反应能力等。服装 CAD 让所有的纸样都成为数字，不管有多少纸样都可以保存在计算机里，每时每刻轻松查询。据有关资料介绍，日本数据协会对近百家 CAD/CAM 用户的有关应用效益的调查表明，CAD 系统的作用主要体现在以下几个方面：90% 的用户改善了设计精度；78% 的用户减少了设计、加工过程中的差错；76% 的用户缩短了产品开发周期；75% 的用户提高了生产效率；70% 的用户降低了生产成本。

服装 CAD 的发展已经有 40 多年的历史了。自 1972 年美国研发成功之后，一些技术发达的国家纷纷开发这项技术。我国在"六五"期间开始研究服装 CAD 应用技术，进入"七五"计划后，服装 CAD 产品有了一定的雏形，到"八五"后期才真正推出我国自己的服装 CAD 产品。截至 2004 年底行业统计，我国约有 5 万家服装企业，但只有 3 000 家左右的企业使用服装 CAD，即只有 6% 的服装企业在使用 CAD 系统。而根据"九五"计划目标，将服装 CAD 设备作为考核服装行业重点企业的必备条件，到 2005 年我国服装行业 CAD/CAM 的使用普及率要达到 30%，目前估计国内服装 CAD 普及率在 40% ~ 50% 之间。美国、日本等国家的服装 CAD 普及率已达到 90% 以上。

服装时尚既是设计师艺术创新的产物，也是科技的结晶。科技对时尚的推动作用体现在服装材料学、服装生产设备与工艺及电脑辅助设计等方面。服装 CAD 的应用主要体现在款式设计和制板上。通过服装 CAD 软件，不但可以使用各种画笔工具来描绘效果图，还可以把面料通过扫描替换到衣服上，最后还可以使用三维试衣来建立类似照片的真实效果，这样在没有生产前，就可以看到衣服的大概效果，不但提高了效率，还可以节省产品开发的成本。服装 CAD 制板包括出头样、放码和排料。服装 CAD 出头样省去了手工绘制的繁复计算和测量，不但速度快，准确度也高；电脑放码分为点放码、线放码和自动放码等，一套复杂的纸样手工放码要将近一天的时间，而电脑放码只需要十几分钟；电脑排料自由度大，准确度高，可以非常方便地对纸样进行移动、调换、旋转、反转等，排好后用绘图仪打印出来就可以用于裁剪了。

目前国内外的服装 CAD 软件有很多，且应用操作上区分比较大，但基本原理是相同的。一般，国内的服装 CAD 软件适应性、亲和性较好，硬件的通用性和灵活性较高，国内软件系统的性价比较好。国外服装 CAD 软件常在可靠性、稳定性上有较大优势，且硬件的先进性和配套性较好。知名的服装 CAD 软件如下：

1. 国外

（1）美国 PGM、格博。

（2）法国力克。

（3）德国艾斯特。

（4）加拿大派特。

（5）日本东丽。

（6）西班牙艾维。

2. 国内

（1）度卡（中国台湾）。

（2）德卡（上海）。

（3）ET（深圳）。

（4）ECHO（杭州）。

（5）丝绸之路（北京）。

（6）富怡（深圳）。

（7）BILI（北京）。

（8）日升天辰（北京）。

（9）航天（北京）。

第二节　PGM 服装 CAD 功能概述

一、制板部分

PGM 服装 CAD 的 PDS（ Pattern Design System ）部分采用标准的 Windows 图标操作模式，使操作者获得最大的操作界面，工具选择方便。操作者可以在 PDS 中直接绘制纸样，也可通过数字化仪将纸样输入到软件中。

PGM 服装 CAD 软件中的打板工具盒具有丰富的点线、修改、编辑、开褶等功能，能够满足纸样设计的多种需要。操作者首先选择合适的形状建立纸样基本型，利用加点工具增加需要的纸样外轮廓点；利用移动工具调整纸样外轮廓点到设定的位置；利用复制，黏贴工具修改造型；利用省道和开褶工具添加纸样的省道、活褶等；利用对称工具复制纸样；利用缝份工具为纸样添加缝份等。该软件可以进行纸样的省道转移、死褶、活褶等多种造型设计，还可以进行相关样片的联动，确保弧线造型、长度、放码的自动匹配。将样片进行分割后在任意一个样板上进行弧线调整，另一个样板的弧线造型也随之自动调整；样板在对称打开后，在一边的造型轮廓上修改，另一边的造型也随之自动修改；还可将几个关联的样板轮廓线设置成一个组别，任何一个样板轮廓进行修改，则另一个样板的轮廓也随之自动修改。软件还具有纴缝线、缩水率、纸样吃势对位等后期操作功能。

二、放码部分

PGM 服装 CAD 的放码（ Grading ）部分即放码推档系统，拥有多种放码方式，如点放码、角度放码等，可以依次对每个放码点进行放码，也可通过复制、黏贴工具，将放码值复制到具有相同放码值的放码点上。放码推档系统是服装 CAD 效益最为明显的模块之一，可以代替手工放码，节约了大量时间，大大提高了放码工作效率。

放码推档系统利用丰富的复制、剪切、黏贴放码值工具以方便快速放码。该系统还可预先建立放码规则库，对不同款式、相同放码值的样板可以快速地进行自动放码，不需要每次都计算放码值。利用放码规则库放码的过程中，可以随意增加或者减少档差。该系统具有排点对齐功能，即模拟手工排列推档后的样板，以不同部位点对齐，看推档效果。

三、三维试衣部分

三维虚拟试穿系统（ 3D Runway ）是 PGM 服装 CAD 的一大亮点，该系统通过内嵌到样板制作 PDS 软件中，从而真正地实现了从 2D 到 3D 的同步操作，使平面纸样的修改和三维虚拟试穿效果变得更加直观。

PGM 服装 CAD 的三维虚拟试穿系统拥有详尽的人体模特库，同时具有人体尺寸调整功能，操作者可以根据需要，对人体各部位的尺寸进行调整，还可调整模特的肤色、站立姿势等。该系统可以显示织物的组织纹理、皮革的质感、材料的配色关系以及面料的物理性能表现等，可以对面料的克重、厚度、刚度、摩擦系数等进行有针对性的调整，以确保三维虚拟试衣的准确效果。

三维虚拟试穿系统可以按照实际样板的缝合方式，将 PDS 中的平面样板在电脑里虚拟缝合起来，从而摆脱传统的反复制作样衣过程。该系统可以在三维中调换各种不同的面料来检查和确定款式最适合的面料，以及确定面料的水洗、磨砂等不同的工艺效果。三维虚拟试穿系统提供了模特动态走秀模块，该模块可让操作者更全面、直观地把握试衣效果，同时，可通过该系统提供的高精度照相机功能，拍摄任何角度下的三维效果照片，以供设计师查看。

第三节　PGM 服装 CAD 软件安装

在安装软件前，请确保您的电脑配置可以满足软件运行的最低要求。

一、需求

奔腾处理器

内存：16 MB

Microsoft Windows ™ 95

硬盘：150 MB

显示器：SVGA 15″分辨率：800×600 像素，256 色

1 个并行口，一个串行口

二、PGM 推荐配置

Pentium Ⅱ- 350

内存： 64MB

Microsoft Windows ™ 95 or Windows 98 or Windows NT

硬盘：150MB

4 MB memory AGP 显卡

显示器：17″，分辨率：1024×768 像素，256 色

一个并行口，一个串行口

USB 端口

三、使用软件需要如下操作

（1）插上 PGM 密码锁。

（2）运行光盘上的安装程序，安装软件。

（3）设置绘图仪。

四、插上密码锁

（1）关闭电脑。

（2）拔掉连接至打印口上的密码锁。

（3）将 PGM 密码锁插在 LPT1 口上。

（4）将刚才拔掉的密码都插在 PGM 密码锁的后面。

注：如果需要在 PGM 密码狗后再插一个打印机，要将打印机插头插好，否则，打印机有可能使密码短路。不要将密码连接到 A/B 开关盒或电线上，这也会导致短路。所以 PGM 的密码必须直接与打印端口连接（LPT1 口）。

五、安装软件

（1）启动 Windows xp/Windows 7。

（2）将 CD 插入光驱。

（3）出现安装屏幕。

（4）选择安装。

（5）选择安装时的语言。

（6）选择软件语言。

（7）显示安装目录对话框，有一个默认的目录，点击浏览或选择默认的目录。

（8）选择需要安装的选项。

安装完毕后，弹出感谢对话框，点击 OK，PDS 和 Marker 的图标出现在桌面上，插上密码狗，双击图标，打开软件。首次安装时，必须重新启动电脑（如果是对原有软件升级就不需要重新启动电脑）。

第二章 PDS 打板工具介绍

第一节 打板系统环境设置

一、系统主界面介绍

鼠标双击 PGM 软件按钮 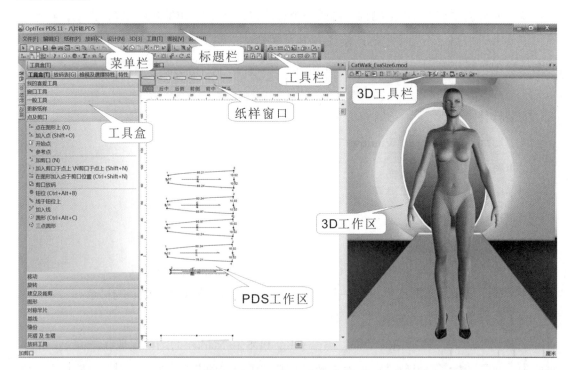，便打开了 PGM 系统主界面，如图 2-1-1 所示。系统主界面主要由标题栏、菜单栏、工具栏、工具盒、纸样窗口、PDS 工作区、3D 工具栏和 3D 工作区组成。

图2-1-1 PGM 系统主界面

（1）标题栏：显示该系统版本和文件名称。

（2）菜单栏：用于文件编辑及工作区显示模式的设置等。

（3）工具栏：软件中具有不同特性的小图标，工具栏的外观和工具的数量根据所购买的软件模块不同而有所不同。

（4）工具盒：工具盒是 PGM 软件较人性化的一个模块，可根据个人喜好编辑整理软件中的制板工具，以方便绘图时更好、更有效地使用。

（5）纸样窗口：用于查看已完成或更新的纸样列表。

（6）PDS 工作区：是 PGM 软件制板的工作区，在此工作区中完成打板、放码、衣片的缝合等操作。

（7）3D 工具栏：是 PGM 软件 3D 设计部分的主要操作工具列表。

（8）3D 工作区：是 PGM 软件 3D 设计部分的操作窗口，可查看 3D 试衣效果。

二、参数设置介绍

打板前，利用"文件"菜单下的"开新文件"或"开启旧档"打开绘图界面，选择"工具"菜单下的"其余设定"，打开参数设置对话框。可在打板前，在"主要部分"下的"工作单位"设置打板单位及公差，在"颜色"下的"一般"中设置背景颜色及纸样填充颜色等，如图 2-1-2 所示。

图2-1-2　参数设置对话框

<h1 style="text-align:center">第二节　打板工具盒介绍</h1>

　　PGM 系统中的工具盒工具基本上包含了工具栏中的所有工具，它们具有一一对应的关系，工具盒人性化的设置，更加便于操作，因此，本教程主要以工具盒作为讲授重点。PGM 打板工具盒主要有"我的喜爱工具""窗口工具""一般工具""更新纸样""点及剪口""移动""旋转""建立及裁剪""图形""对称半片""基线""缝份""死褶及生褶""放码工具"工具盒。下面就工具盒及工具盒下的具体工具的功能和操作说明加以介绍。

一、"我的喜爱工具"工具盒

　　功能：用户可以将自己喜欢及较常用的工具从其他工具盒中复制，然后黏贴到"我的喜爱工具"工具盒中，以方便查找使用。

　　操作说明：打开其他工具盒，选择需要的工具，点击右键，选择"复制"按钮，再打开"我的喜爱工具"工具盒，点击右键选择"黏贴"即可，如图 2-2-1 所示。

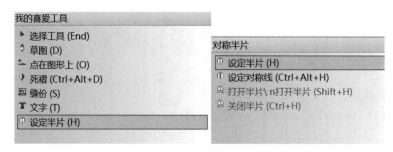

图2-2-1　"我的喜爱工具"工具盒设置

二、"窗口工具"工具盒

1.开新文件

　　功能：用于建立一个新的 PDS 或 DSN 文件。一个 PDS 或 DSN 文件包含组成一件完整的服装或其他缝制产品所必要的纸样。

　　操作说明：选择"开新文件"工具，如已有文件未关闭，则弹出文件关闭对话框，如图 2-2-2 所示，确定后，弹出新建纸样对话框，如图 2-2-3 所示，设置完毕后，点击确定即生成新的纸样，

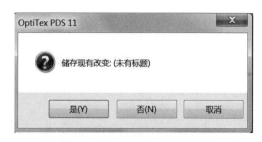

图2-2-2　文件关闭对话框

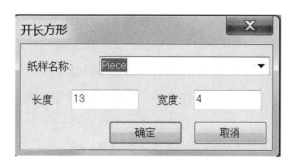

图2-2-3　新建纸样对话框

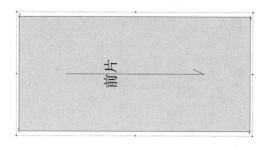

图2-2-4　新建纸样

如图 2-2-4 所示。

2. 开启

功能：用于打开已保存的 PGM 纸样。

操作说明：选择"开启"工具，如已有文件未关闭，则弹出文件关闭对话框，如图 2-2-2 所示，确定后，弹出打开纸样对话框，如图 2-2-5 所示，选择完毕后，点击打开即打开所选已有纸样，如图 2-2-6 所示。

图2-2-5　打开纸样对话框

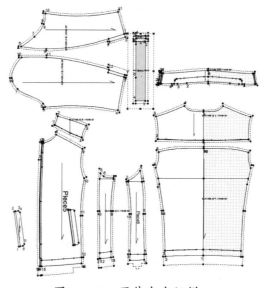

图2-2-6　男装夹克纸样

图2-2-7　储存对话框

3. 储存

功能：用于将屏幕上的文件以当前的文件名保存在当前路径下，并取代已有旧文件。如建立了一个新文件，并且未被储存过，则点击储存后，会弹出对话框，需要输入文件名。其中，PDS 或 DSN 扩展名会自动添加到文件名后面。

操作说明：选择"储存"工具，如储存新文件，则点击储存后，设置弹出对话框，如图 2-2-7 所示，点击保存即可。

4. 复原

功能：用于撤销最近的操作，可以连续撤销 30 次，不可以撤销"打开文件"的操作。

操作说明：点击"复原"工具 1 次，则撤销上一步操作 1 次。

5. 再作

功能：用于更改所有撤销的操作。

操作说明：选择"再作"工具，则更改所有撤销的操作。

6. 裁剪

功能：裁剪即剪切，用于从文件中剪切纸样，剪切下的纸样放置在剪贴板上，直到被另外的文件所取代。此工具经常用于从一个现有的款式中剪切一个纸样，然后黏贴到另外的款式文件中。

操作说明：选择"裁剪"工具，则文件中的所选纸样被剪切下来。

7. 复制

功能：用于复制纸样，复制的纸样放置在剪贴板上，直到被另外的文件所取代。此工具经常用于从一个现有的款式中复制一个纸样，然后黏贴到另外的款式文件中。

操作说明：选择"复制"工具，则文件中的所选纸样被复制下来。

8. 黏贴

功能：将剪贴板上的最后一个文件黏贴到另一个文件。此命令是"裁剪"／"复制"命令的第二步。

操作说明：选择"黏贴"工具，则剪贴板上的最后一个文件被黏贴下来。

9. 报告现用文件至 EXCEL/EXCEL 报告

功能：将现有纸样的资料输出为 Excel 表格形式。

操作说明：选择"报告现用文件至 EXCEL/EXCEL 报告"工具，设置弹出对话框，如图 2-2-8，输入相关信息，确定后产生 Excel 表格，如图 2-2-9 所示。

图2-2-8　PDS报告对话框 　　　　　图2-2-9　PDS报告产生的Excel表格

10. 打印

功能：用于激活"打印对话框"。

操作说明：选择"打印"工具，设置弹出的"打印对话框"即可，如图 2-2-10 所示。

11. 绘图

功能：用于激活"绘图对话框"。

操作说明：选择"绘图"工具，设置弹出的"绘图对话框"即可，如图 2-2-11 所示。

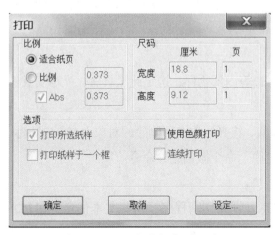
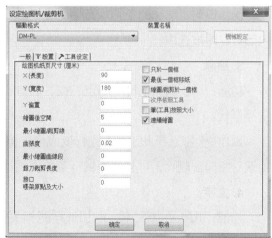

图2-2-10　设置打印对话框 　　　　　图2-2-11　设置绘图对话框

图2-2-12　读图板对话框

12. 读图

功能：用于激活"读图板对话框"。

操作说明：选择"读图"工具，设置弹出的"读图板对话框"即可，如图2-2-12所示。

13. 说明内容

功能：用于查找有关 PDS 软件的说明。

操作说明：选择"说明内容"工具，可进行查找有关 PDS 软件的说明。

三、"一般工具"工具盒

1. 选择工具

功能：用于选取纸样、点和线段。

操作说明：可在"一般工具"工具盒中点选，也可单击鼠标右键，左键选择弹出菜单里的"选择工具"即可。

2. 选择内部

功能：用于选取纸样内部对象。

操作说明：选择此工具，光标变成矩形，按住鼠标左键框选住纸样的内部对象，则这些内部对象即被选中。

3. 删除

功能：用于删除纸样上的点、线、剪口、省道等内部物件，选定此工具后，光标变成橡皮擦形状。

操作说明：选择此工具，光标变成橡皮擦形状，将光标放在预删除的对象上，单击鼠标，则该对象即被删除，可从"编辑"菜单上的"复原"命令撤销删除命令。

4. 文字

功能：用于添加文本，添加纸样的相关信息以辅助切割程序，这些文本信息可在 PDS 或 Mark 里打印出来。

注：纸样的一些信息，如款式名、简述、尺寸、序号等不需使用文字工具，可直接在纸样资料对话框里记录。

操作说明：选择此工具，光标变成文本形状，将光标放在预写入文本的位置，单击鼠标，则弹出文本对话框，输入所需文字，点击确定后即可，如图 2-2-13 所示。可在左侧"特性"里设置文字大小及方向等，如图 2-2-14 所示。字体可在"其余设定"里进行设定。

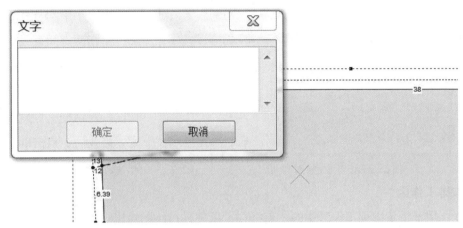

图2-2-13　文本输入对话框

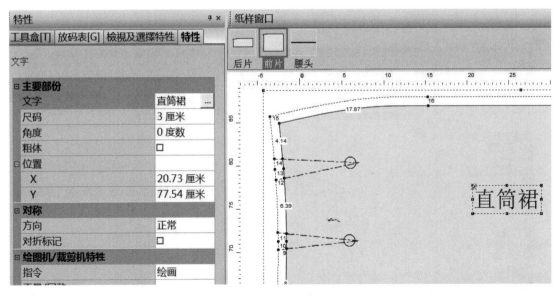

图2-2-14　文本特性设置

5. 长度

功能：用于测量纸样上或纸样内的两点（直线或曲线）距离，即可测量纸样轮廓线或内线长度，并可单独调整某些线的尺寸。

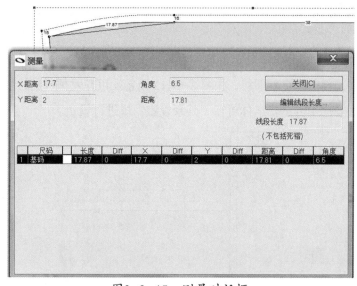

图2-2-15　测量对话框

操作说明：选择该工具，顺时针选择所要测量的线段两端点，则弹出"测量"对话框，如图 2-2-15 所示，其中"X 距离"和"Y 距离"是指两端点的垂直水平和竖直距离，"距离"是指两点间直线距离，"线段长度"是指该线段长，点击"编辑线段长度"，出现"线段长度"对话框，可修改线段长度，修改后，点击确定即修改完毕。

6. 按排工作区

功能：用于重新排列工作区中的所有纸样，以便进行绘图输出。

操作说明：选择该工具，工作区中的所有纸样重新排列整齐，以便进行绘图输出，如图 2-2-16、图 2-2-17 所示。

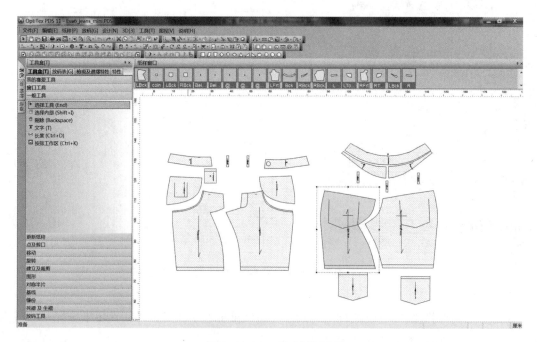

图2-2-16　按排前纸样

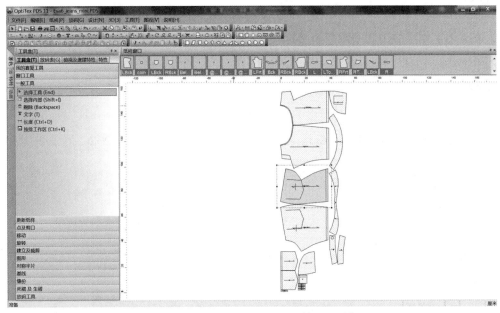

图2-2-17　按排后纸样

四、"更新纸样"工具盒

1. 更换

功能：用工作区域里现有纸样取代纸样栏里的原有纸样。此命令可以清除工作区域里的所选纸样并用修改过的纸样更新原有纸样，可保留修改过的纸样。

操作说明：选择工作区中的一纸样，点击"更换"命令即可。例：选择工作区中的"前片"纸样，如图 2-2-18 所示，点击"更换"，则清除了工作区中的"前片"，并且更新了纸样栏里的原有纸样，如图 2-2-19 所示。

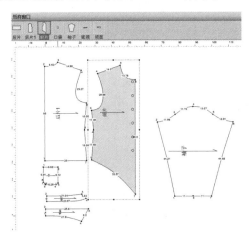

图2-2-18　更换前纸样

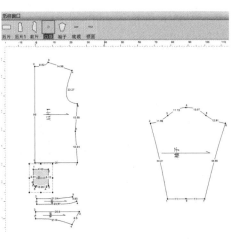

图2-2-19　更换后纸样

2. 更新旧纸样

功能：用工作区域里现有纸样直接取代纸样栏里的原有纸样，工作区的纸样不产生变化。

操作说明：选择工作区中的一纸样，点击"更新旧纸样"命令即可。

3. 移除

功能：将当前工作区中的纸样移走，而纸样区中该纸样依然存在。

操作说明：选择工作区中的一纸样，点击"移除"命令即可，如图 2-2-20、图 2-2-21 所示。

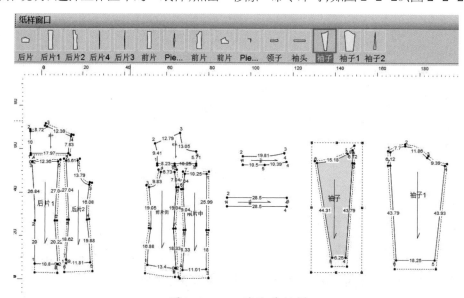

图2-2-20　移除前纸样

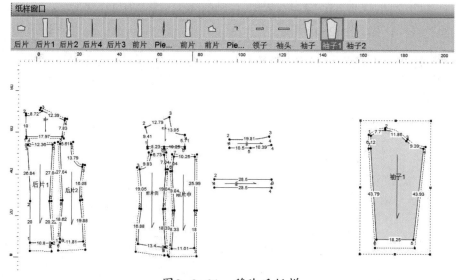

图2-2-21　移除后纸样

4. 储存为新纸样

功能：将工作区域中选中的纸样移开，同时将此纸样放在纸样栏里，相当于复制一个新的纸样。

操作说明：选择工作区中的一纸样，点击"储存为新纸样"命令即可，如图 2-2-22、图 2-2-23所示。

5. 分开

功能：以更换旧状态的形式将工作区里的纸样（除现有纸样外）取代纸样栏里原有纸样，功能等同F9。

操作说明：选择"分开"命令即完成，如图 2-2-24、图 2-2-25所示。

6. 交换纸样

功能：用于将工作区的纸样与纸样栏里的纸样互换，用来比较两纸样。

操作说明：选择"交换纸样"命令即完成。

五、"点及剪口"工具盒

1. 点在图形上

功能：用来在纸样轮廓线上加点，可自己决定点的类型。

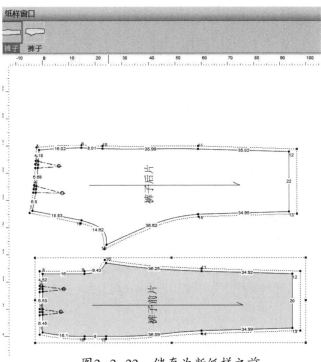

图2-2-22　储存为新纸样之前

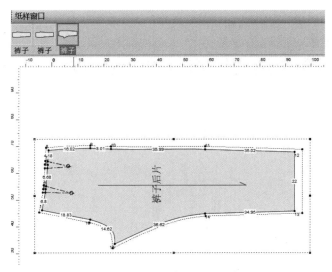

图2-2-23　储存为新纸样之后

操作说明：选择此工具，点击需要加点的轮廓线，设定弹出的对话框，如图 2-2-26 所示，点击确定后即完成加点操作，如图 2-2-27 所示。其中对话框中的"之前点"和"之后点"是按照顺时针方向设定的。

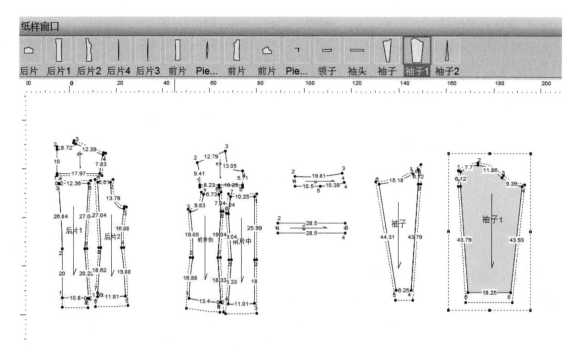

图2-2-24 分开纸样之前

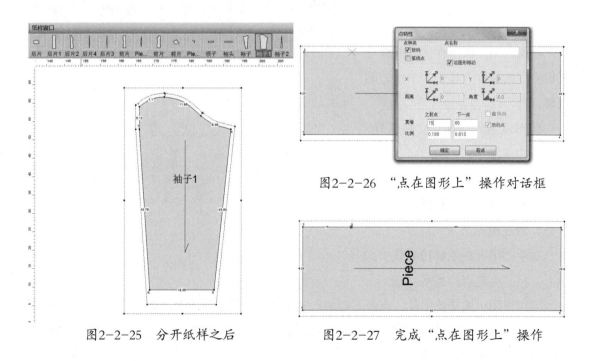

图2-2-25 分开纸样之后

图2-2-26 "点在图形上"操作对话框

图2-2-27 完成"点在图形上"操作

2. 加入点

功能：可加入相对于某已知点相对距离的点，该点可在纸样轮廓线内、外，也可在纸样旁边加点。这个工具会改变纸样的形状。当在纸样轮廓外或轮廓内加点时，最靠近此点的线段跳至该点上，改变纸样的形状，使原来的线段变成两段。

操作说明：选择此工具，点击相对点，设定弹出的对话框，如图2-2-28所示，点击确定后即完成加点操作，如图2-2-29所示。

3. 开始点

功能：在"检视及选择特性"中的"数量"选中的情况下，可通过此工具设定放码初始点。

操作说明：选择此工具，点击需要设置为放码初始点的点，即完成开始点操作，如图2-2-30、图2-2-31所示。

4. 参考点

功能：用于在纸样内外添加任意点。

操作说明：选择此工具，点击需要加点的位置，即完成参考点操作，如图2-2-32所示，可多次添加。

5. 加剪口

功能：用于给纸样加剪口，可在纸样外轮廓线上任意部位加剪口，可在无点处加剪口，在"特性"的"主要部分"设置剪口参数。剪口也是纸

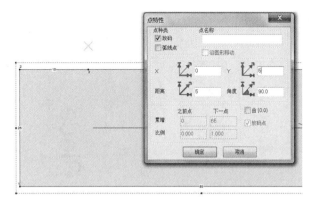

图2-2-28　"加入点"操作对话框

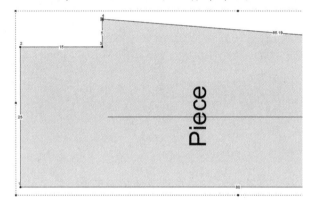

图2-2-29　完成"加入点"操作

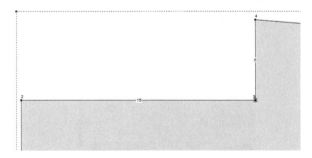

图2-2-30　选择"开始点"之前

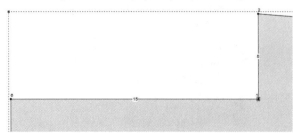

图2-2-31　选择"开始点"之后

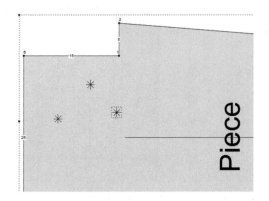

图2-2-32 通过选择"参考点"在纸样上加点

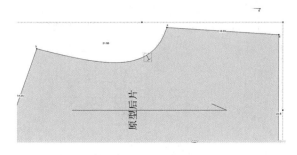

图2-2-33 在原型袖窿加剪口

特性	
剪口	
主要部份	
名称	
种类	T
特别外形	未下定义
相反	
尺寸	
深度	0.7 厘米
宽度	0.5 厘米
顶部宽度	
预设	组合
调教条子	
调整对条编号	0
允许纸样在排图上反转	正常
放码	
尺码	○基码 *
关系	按比例
比率	0.31
由上一点距离	7.27 厘米
由下一点距离	16.01 厘米
重新安排距离	完成任务
重新安排全部距离	完成任务
自动设定距离	☑
只显示放码点距离	☑
从新连接	完成任务
角度	
方向	角位
角度	90 度数
按鼠标角度	组合

图2-2-34 在特性工具栏设置所加剪口参数

样轮廓线上的记号点,帮助相关两片纸样的缝份能对接在一起。深度、宽度和角度三个参数确定剪口的位置和形状。在"工具 / 其余设定 / 剪口"菜单里也可以定义或改变剪口参数。"剪口"工具还用于确定 Mark 中的对条对格,条格匹配点在对条调整编号中。

操作说明:选择此工具,点击需要加剪口的位置,即完成加剪口操作,如图 2-2-33 所示,可多次添加,可在"特性"的"主要部分"设置剪口参数,如图 2-2-34 所示。

"剪口特性"对话框允许确定剪口的形状、尺寸和确切的位置。

剪口种类:一共有 6 种类型的剪口可供选择:T 型、V 型、I 型、L 型、U 型和盒型剪口。一片纸样可有一种类型以上的剪口,打开下拉箭头框,可以看到剪口列表并做相应选择。

深度:指剪口的深度。一般剪口深度为 0.7cm,根据样板的类型和各公司的标准有所不同。

宽度:指剪口的宽度。宽度不适用于 I 型剪口。

对条调整:设定编号,可以用于排料中对条对格的设定。

尺码:尺寸大小框显示当前纸样的尺寸。此信息只用于推过档的样板。

比率:选中"按比例放码"后,剪口就按一定比例放置在两个放码点之间。

由上一点距离:选择从前一点时,剪口在离开前一放码点一定距离。

注：可以在纸样资料指定每个剪口的位置和特性。

由下一点距离：选择由下一点时，剪口在离开后一放码点一定距离。

重新设置全部距离：如果用前面的三种方式（按比例放码、从前一点、从后一点）改变了剪口的位置，则可使用此工具再放码、移动剪口。

只显示放码点距离：选取此项，所有的度量都只是从前或从后一放码点计算。如果不选，则所有的度量都是从前或后一点，无论是否是放码点。

注：当此对话框打开时，各剪口都可以被选中和更改。

注：欲在各码上生成一个特定距离的剪口，使用"由上一点距离"或"由下一点距离"，这样所有码上的剪口都一样了。

从新连接："从新连接"命令用于重新设置一连接原点的剪口。通常用于原点被删除，新的放码点需要与剪口连接起来时。

注：只有当放码比例对话框的值不在0~1时，"再连接"的命令才可激活。使用此命令将改变连接最近的放码点的剪口到放码点的距离比例。

角度：角度指剪口到纸样轮廓线的角度。要使剪口在纸样之外，设置角度为180°。另一编辑剪口角度的方法是用鼠标设置。点击"按鼠标角度"再重新点击选定剪口的方向，这样剪口就会按照鼠标点击的方向。

方向：选择加点上剪口的方向，可以按照角位、前一点、后一点三种方式选择方向。

6. 加入剪口于点上

功能：用于在某已知点上加剪口，可在"特性"的"主要部分"设置剪口参数。与"加剪口"不同之处在于必须在已有的点上添加剪口，在无点的轮廓线上不能使用。

操作说明：选择此工具，点击需要加剪口的位置，即完成加剪口操作，如图2-2-35所示，可多次添加，可在"特性"的"主要部分"设置剪口参数。

7. 在图形加入点于剪口位置

功能：为在轮廓线上已有的剪口添加放码点，使剪口可以在轮廓线上固定。

操作说明：选择此工具，设置弹出对话框，如图2-2-36所示，则完成了在纸样上所有剪

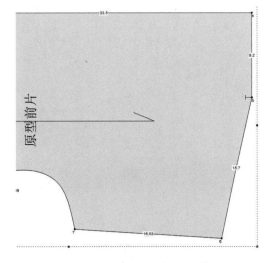

图2-2-35　在已知点上加剪口

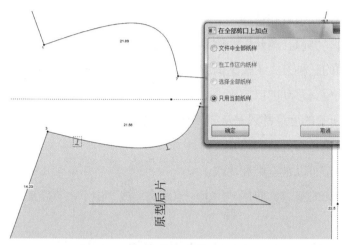

图2-2-36　在剪口位置加点对话框

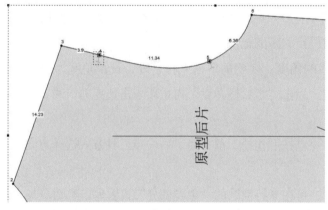

图2-2-37　在剪口位置加点

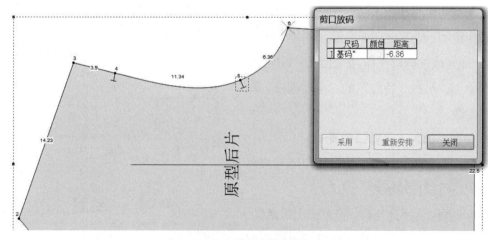

图2-2-38　剪口放码对话框

口处加点的操作，如图 2-2-37 所示。

8. 剪口放码

功能：为添加上的剪口进行距离位置上的放码。做过剪口后，再针对某个放码点分别输数值进行剪口距离调整。

操作说明：选择此工具，点击剪口，再点击调整对应放码点，设置弹出对话框，如图 2-2-38 所示，确定后则完成了剪口放码操作。

9. 钮位

功能：使用此工具生成钮位。钮位也通常用于在条格面料上做标记。使用复制可以很快地制作钮位而不必一个个地制作。此工具还用于在制作口袋时，做钻孔记号。钮位可以放码，或作为重叠点。

操作说明：选择此工具，点击需要加钮位的位置，如在空白处单击，则直接加钮位，如在已知点上单击，则需要设置弹出对话框，如图 2-2-39 所示，确定后则完成了在纸样内外加钮位的操作。如需要加入等距的钮位，可在"特性"里点击"复制—完成任务"，设置弹出对话框，如图 2-2-40 所示，确定后则生成等距钮位，如图 2-2-41 所示。

注：在"绘图机 / 裁剪机特性"中，选择按钮的类型和切割选项。如果按钮用于条格面料，也指条格面料的匹配数。

注：用钮位在条格面料上做标记进行对条格设定时，对条调整的变化一定要写上。

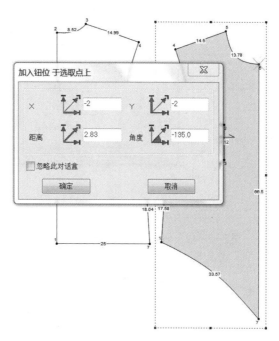

图2-2-39　相对已知点加钮位

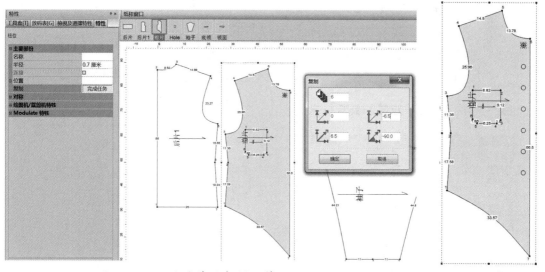

图2-2-40　通过特性复制做等距钮位　　　　图2-2-41　等距钮位

10. 线于钮位上

功能：用于做等距圆扣。

操作说明：选择此工具，点击需要加的第一个钮位的位置，设置弹出对话框，如图 2-2-42

所示，确定后，再点击需要加的最后一个钮位的位置，设置弹出对话框，如图 2-2-43 所示，确定后弹出钮位设置对话框，设置弹出对话框,选择等距钮扣数及"设定第一"和"设定最后"，如图 2-2-44 所示，确定后则完成了等距圆扣的操作，如图 2-2-45 所示。

对话框选项：

● 顺着线：第一点和最后一点间的钮位数。

● 线之前：在第一点前的钮位数。

● 之后线：在最后一点后的钮位数。

● 距离指第一后最后一点之间的距离。

● 激活"设定第一"选项以显示第一个钮位。

● 激活"设定最后"选项以显示最后一个钮位。

● 输入钮位的半径。

● 选取绘图或裁剪等指令。

● 点击确定。

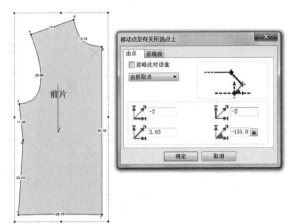

图2-2-42　设置等距圆扣第一点

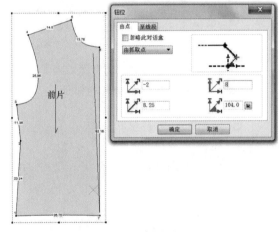

图2-2-43　设置等距圆扣最后一点

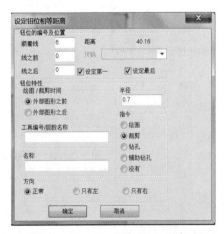

图2-2-44　设置等距圆扣参数

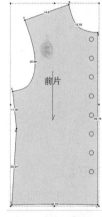

图2-2-45　等距圆扣完成图

11. 加入线

功能：用于做等距扣眼。

操作说明：选择此工具，点击需要加的第一个扣眼的位置，设置弹出对话框，如图 2-2-46 所示，确定后，再点击需要加的最后一个扣眼的位置，设置弹出对话框，如图 2-2-47 所示，确定后弹出扣眼设置对话框，设置弹出对话框，选择等距扣眼数及设置扣眼大小，如图 2-2-48 所示，确定后则完成了等距扣眼的操作，如图 2-2-49 所示。

- 数量：扣眼的数量。
- 线长度：扣眼的长度。

12. 圆形

功能：用于做一定半径的圆形，还可进行复制。

操作说明：选择此工具，点击需要做圆形的圆心位置，拖动光标再次点击，在左侧"特性"里设置"圆形半径"，点击回车后，完成了一定半径圆形的制作，如图 2-2-50 所示。在左侧

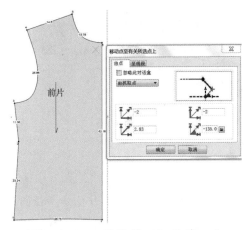

图2-2-46　设置等距扣眼第一点

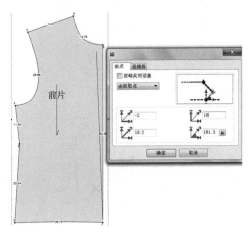

图2-2-47　设置等距扣眼最后一点

图2-2-48　设置等距扣眼要素

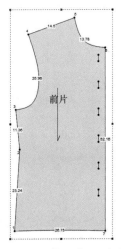

图2-2-49　等距扣眼完成图

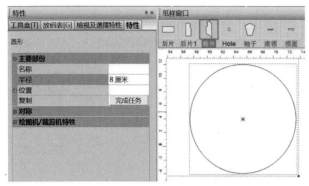

图2-2-50 制作已知半径圆形

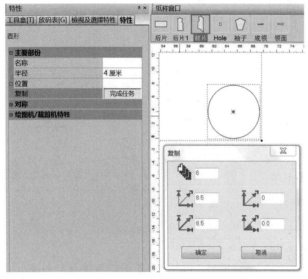

图2-2-51 复制已知半径圆形

"特性"里选择"复制",设置弹出对话框,确定后完成此圆形的复制操作,如图 2-2-51、图 2-2-52 所示。所生成的圆是圆形而非纸样,需要到"图形工具盒"中点击"圆形至图形"工具即可。

注:在"名称"中输入新的名字,为圆命名。

注:如果圆有一个名字,在放码时,就可以直接用其来进行放码(位置的放码),而不需要选择圆心点。

选项:复制圆,点击复制,并在复制对话框中输入必要的信息。

13. 三点圆形

功能:用三点做圆形,还可进行复制。

操作说明:选择此工具,在需要做圆的位置点击三点完成此圆形制作。在左侧"特性"里还可设置"圆形半径"或"复制",设置弹出对话框,确定后完成此圆形的复制操作,如图 2-2-53 所示。所生成的圆是圆形而非纸样,需要到"图形工具盒"中点击"圆形至图形"工具即可。

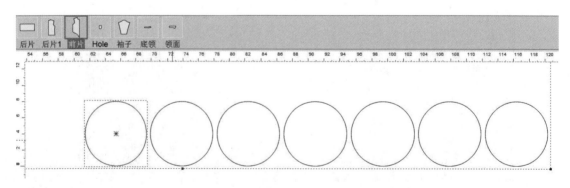

图2-2-52 完成已知半径圆形的复制

六、"移动"工具盒

1. 移动点

功能：用于移动纸样上的点，移动后是折线；也可按住 Shift 键再移动，移动后是曲线。

操作说明：选择此工具，再选择纸样上需要移动的点，此点就附着在光标上，拖动鼠标，则出现该点的移动示意，再次点击鼠标左键，弹出对话框，设置该点的移动位置，点击确定后，完成该点的移动，如图 2-2-54 所示。

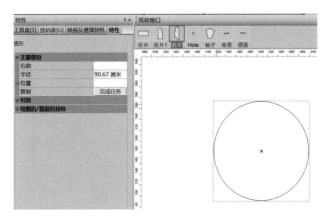

图2-2-53　三点圆形的制作

选择此工具后，按住 Shift 键选择纸样上某条线段拖动，拖动到新的位置后单击鼠标左键，设置弹出的对话框，点击确定后，完成该点的曲线移动，如图 2-2-55 所示。

2. 沿着移动

功能：使移动点按照原轮廓线的方向进行移动，输入需要移动的距离，不改变原轮廓线迹的方向。

操作说明：先选择此工具，再选纸样上需要移动的点，拖动光标到新的位置，再次单击鼠标左键，设置弹出对话框，点击确定后完成沿着移动操作，如图 2-2-56、图 2-2-57 所示。

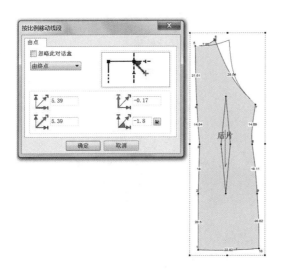

图2-2-54　点移动

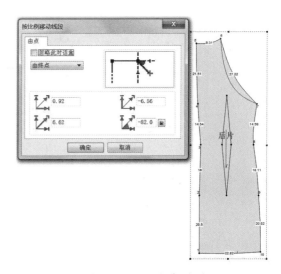

图2-2-55　曲线移动

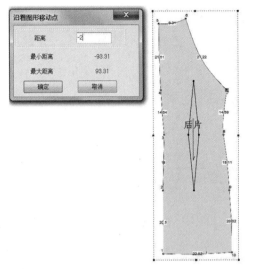
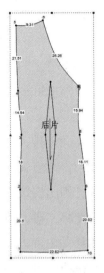

图2-2-56　沿着移动前　　　　　　　图2-2-57　沿着移动后

3. 按比例移动

功能：用于移动线段，使两放码点线段按比例移动，并保证所移动的线段长度不变。

操作说明：选取按比例移动工具，按顺时针依次选择该线段的两端点，再选择需要移动线段上的任意一点，移动该点到需要的位置，点击鼠标，弹出"按比例移动线段"对话框，如图 2-2-58 所示，输入移动的坐标值，点击确定完成按比例移动操作，如图 2-2-59 所示。

注：非放码点间的线段也可以按比例放码，但是，放码后的效果是不同的。放码点的功能相当于按放码线段的锚定点。

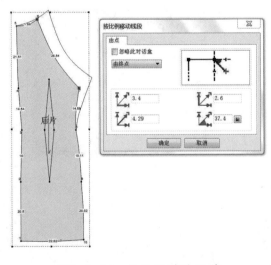
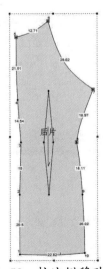

图2-2-58　按比例移动操作　　　　　图2-2-59　按比例移动后纸样

4. 移动固定线段（平行移动）

功能：用于平行移动纸样上的线段，可用于延长纸样的一边。

操作说明：选择此工具，按顺时针依次选择该线段的两端点，再选择需要移动线段上的任意一点，设置弹出对话框，如图2-2-60所示，确定后即完成该线段的移动，如图2-2-61所示。

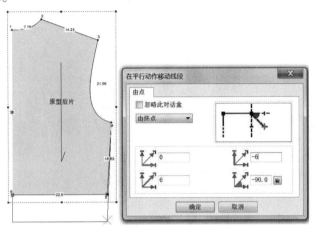
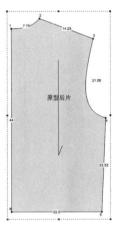

图2-2-60 移动固定线段操作　　　　图2-2-61 移动固定线段后纸样

5. 移动点（多点移动）

功能：用于同时移动一条线段上多个点的位置，每个点的移动量可分别设置。

操作说明：选择此工具，按顺时针选择需要移动点所在的线段两端点，再选择需要移动的任意一点拖动到新的位置，再次单击鼠标左键，弹出"移动点"对话框，如图2-2-62所示，设置每个点的移动量，确定后即完成该线段上多个点的同时移动，如图2-2-63所示。

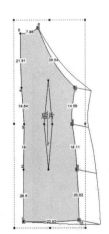

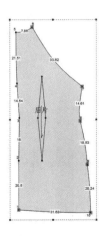

图2-2-62 移动点（多点移动）操作　　图2-2-63 移动点（多点移动）后纸样

6. 多个移动

功能：用于多个点的移动，这些点的位移量是相同的，不可分别设置移动量。

操作说明：选择此工具，再框选需要移动的点，选择其中一点拖动到目标位置后单击左键，设置弹出对话框，如图 2-2-64 所示，点击确定后完成多个点的移动，如图 2-2-65 所示。

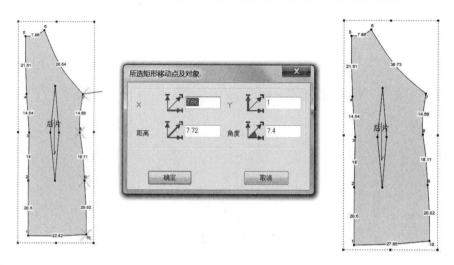

图2-2-64　多个移动操作　　　　　图2-2-65　多个移动后纸样

7. 移动副线段

功能：用于移动一条线段上面的一小段。

操作说明：选择此工具，先选择线段的两个固定端点，再选择副线段上的两端点，最后选择副线段上任一点作参考点，拖动光标到新的位置，设置弹出的对话框，如图 2-2-66 所示，确定后完成副线段的移动，如图 2-2-67 所示。

注："9"至"2"线段平行移动，而"8"至"9"、"3"至"2"是按比例移动的。

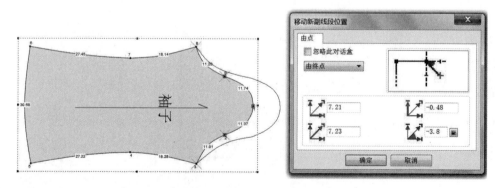

图2-2-66　移动副线段操作

8. 旋转副线段

功能：用于旋转一条线段上面的一小段。

操作说明：选择此工具，先选择线段的两个固定端点，再选择副线段上的两端点，最后选择副线段上任一点作旋转中心点，拖动光标到新的位置，设置弹出的对话框，确定后完成副线段的旋转，如图2-2-68、图2-2-69所示。

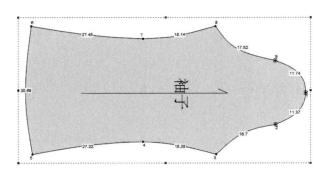

图2-2-67 移动副线段后纸样

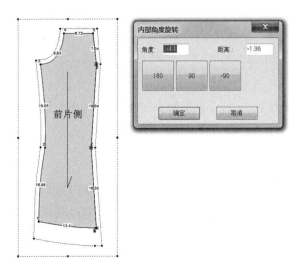
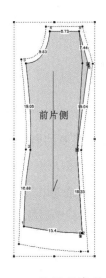

图2-2-68 旋转副线段操作 　　　　图2-2-69 旋转副线段后纸样

9. 移动纸样

功能：此工具类似一只手，用于在工作区内移动纸样。

操作说明：选择此工具，选择需要移动的纸样，将光标移动到目标位置后再次单击，即将纸样移动完毕。该工具的快捷键是空格键，先将需要移动的纸样选中，单击空格键，光标变成小手型，拖动纸样到目标位置即可。

10. 移动纸样至纸样

功能：选择一纸样，利用其拐点对齐另一纸样。

操作说明：选择此工具，先选择固定纸样上的对齐点，再选择移动纸样上的对齐点，设置弹出对话框，确定后完成纸样的对齐，如图2-2-70、图2-2-71所示。

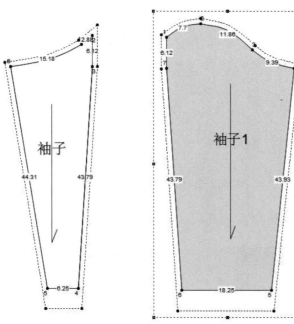

图2-2-70　移动纸样至纸样操作前　　图2-2-71　移动纸样至纸样操作后

11. 移动或复制的内部

功能：用于移动或复制纸样的内部物件，如线条、钮位、圆或文本等。

操作说明：选择此工具，先选择需要移动的内线，拖动鼠标到目标位置后单击，即完成了内线的移动。移动鼠标时按住 Alt 键，再次点击鼠标时出现对话框，可通过具体的数据设置确定内线的移动，如图2-2-72、图 2-2-73 所示。选择内线时按住 Ctrl 键，再次点击新

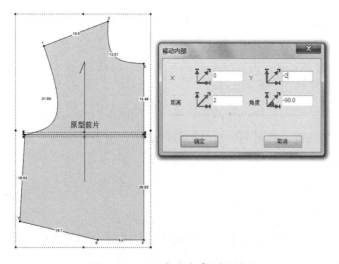

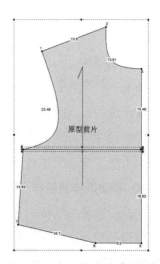

图2-2-72　移动内部对话框　　　　　图2-2-73　移动内部操作

的位置时，复制出一条与所选内线相同的内线，如图 2-2-74 所示。

12. 步行

功能：用于纸样对位打剪口，如袖山和袖窿的对位剪口等，还可用于两个纸样之间的模拟缝合。

操作说明：选择此工具，先选择移动纸样的对齐点，再选择固定纸样的对齐点，纸样移动后对齐，如图 2-2-75 所示，按 F11 可更改纸样对齐方向；单击 F12 键在两纸样对齐位置打剪口，如图 2-2-76 所示，按 Esc 键使移动纸样回位，如图 2-2-77 所示。

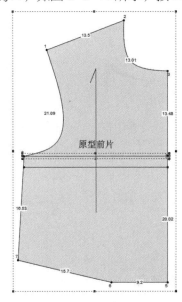

图2-2-74　复制内部操作

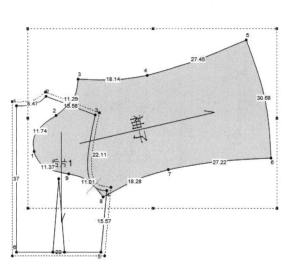

图2-2-75　步行操作

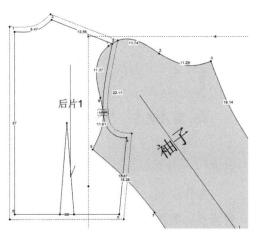

图2-2-76　步行操作中加剪口

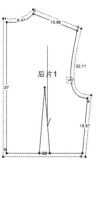
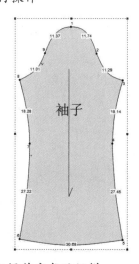

图2-2-77　步行操作完成后纸样

13. 步行线段

功能：用于成组测量纸样中的线段长，以比较长度之间的差值，如袖山和袖窿的长度差。

操作说明：选择此工具，单击鼠标右键，在下拉菜单中选择"以第一线段组"，然后开始顺时针选择需要测量的线段两端点，可多选；再次单击鼠标右键，在下拉菜单中选择"以第二线段组"，再顺时针选择需要测量的线段两端点，可多选，如图2-2-78所示；最后单击鼠标右键，在下拉菜单中选择"步行线段选项"，弹出对话框，如图2-2-79所示，可查看两组线段长度差值，并可将两组纸样依次对位。

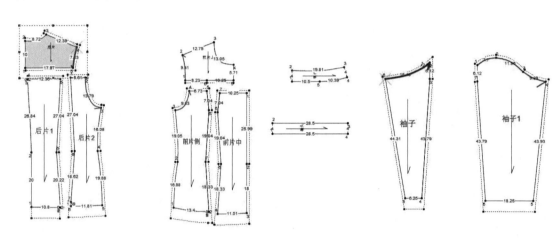

图2-2-78　步行线段操作

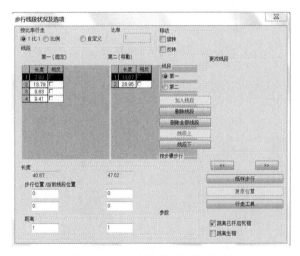

图2-2-79　步行线段选项对话框

14. 对齐点

功能：用于将纸样上的点与所选第一点按设定对齐位置。

操作说明：选择此工具，按顺时针依次选择一段线段的两端点，设置弹出对话框，如图2-2-80所示，确定后完成对齐，如图2-2-81所示。

15. 垂直对齐

功能：用于内部、点、纸样的垂直对齐。

操作说明：选择此工具，先选择对齐参考点，将需要对齐的内线及点框选入矩形框内，则框选住的内线及点与参考点垂直对齐。按住 Shift 键点击纸样上的点则纸样垂直

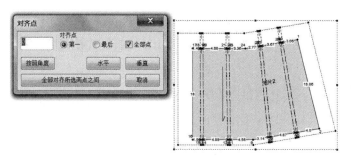

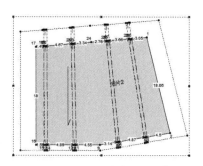

图2-2-80　对齐点选项对话框　　　　　图2-2-81　对齐点操作

对齐，按住 Ctrl 键，则将纸样中的内线单点垂直对齐，如图 2-2-82 所示。

16. 水平对齐

功能：用于内部、点、纸样的水平对齐。

操作说明：选择此工具，先选择对齐参考点，将需要对齐的内线及点框选入矩形框内，则框选住的内线及点与参考点水平对齐。按住 Shift 键点击纸样上的点则纸样水平对齐，按住 Ctrl 键，则将纸样中的内线单点水平对齐，如图 2-2-83、图 2-2-84 所示。

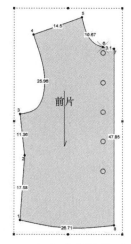

图2-2-82　垂直对齐操作（见钮扣）

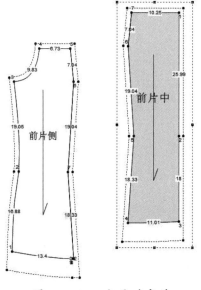

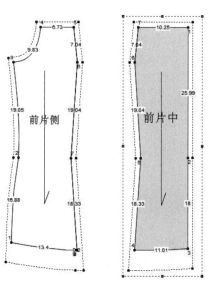

图2-2-83　水平对齐前　　　　图2-2-84　水平对齐后

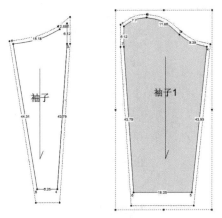

图2-2-85　水平对齐前

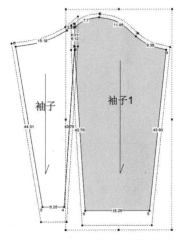

图2-2-86　水平对齐后

17. 按角度对齐

功能：用于内部、点、纸样的按角度对齐。

操作说明：选择此工具，先选择需对齐角度的参考线两端点，将需要对齐的内线及点框选入矩形框内，则框选住的内线及点与参考线按角度对齐。按住 Shift 键点击纸样上的点则纸样按角度对齐，如图 2-2-85、图 2-2-86 所示，按住 Ctrl 键，则将纸样中的内线单点按角度对齐。

七、"旋转"工具盒

1. 旋转纸样

功能：用于将纸样及纸样内所有部件一起按指定旋转中心及旋转角度进行旋转。

操作说明：选择此工具，先选择纸样旋转中心点，再拖动光标到目标位置单击，设置弹出对话框，如图 2-2-87 所示，确定后完成旋转纸样操作，如图 2-2-88 所示。

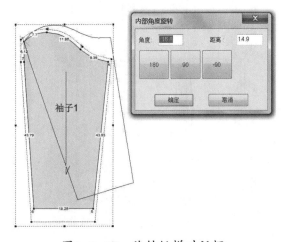

图2-2-87　旋转纸样对话框

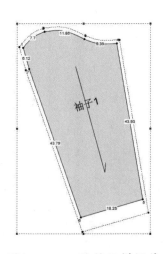

图2-2-88　旋转纸样操作

2. 旋转图形或文字

功能：用于将纸样外轮廓按指定旋转中心及旋转角度进行旋转，纸样内所有部件不动。

操作说明：选择此工具，先选择纸样旋转中心点，再拖动光标到目标位置单击，设置弹出对话框，如图 2-2-89 所示，确定后完成旋转纸样外轮廓操作，如图 2-2-90 所示。

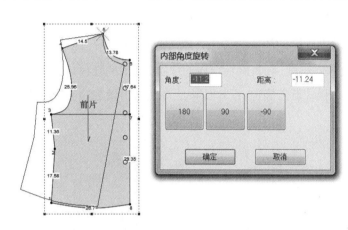

图2-2-89　旋转图形或文字对话框　　　图2-2-90　旋转图形或文字操作

3. 旋转纸样、基线或内部线

功能：按照对话框设定旋转纸样、基线或内部线（按照所选内部线或基线旋转纸样）。

操作说明：选择欲旋转的纸样、内部物件或纸样的基线，再选取工具。弹出"旋转纸样或内部"对话框时，选取相应选项，输入需要旋转的值，选取旋转的方向（左或右）。

注：选择"纸样基线"时，每次点击向左或右的按钮时，纸样旋转，但基线保持其原来的位置，如图 2-2-91、图 2-2-92 所示。

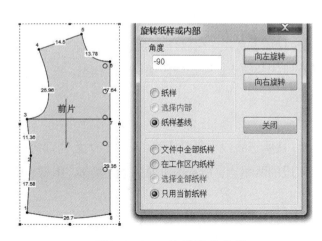

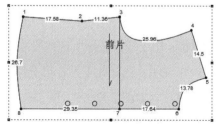

图2-2-91　纸样旋转设置　　　　图2-2-92　纸样旋转后基线保持不变

注：如果想仅旋转基线，先选中纸样中的基线，然后选择此工具，出现对话框后选"选择内部"，其余同上。

4. 旋转线段

功能：用于按照所选中心点及旋转角度旋转线段。

操作说明：选择此工具，在所选择的中心点的位置点击鼠标，出现一个"十"字显示其位置，点击并顺时针拖动光标，选取需旋转的线段两端点，点击选中的一点并拖动到需要的位置，线段即可绕中心点旋转，点击鼠标左键，确定旋转线段的位置，并出现旋转角度对话框，输入角度或距离的值，如图 2-2-93 所示，点击确定，纸样便按照对话框中设定的值进行旋转，如图 2-2-94 所示。

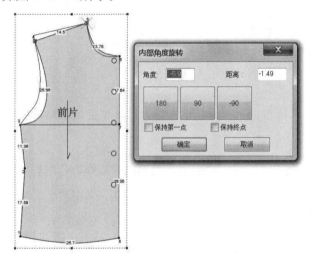

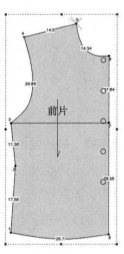

图2-2-93　旋转线段设置　　　　　图2-2-94　旋转线段操作

5. 旋转水平

功能：用于纸样按照所选线段改变角度，使所选线段（可以任意点击两点）呈水平状态。

操作说明：选择此工具，再选择参照线段的两端点，所选线段便呈水平状态，纸样也随之进行旋转，如图 2-2-95、图 2-2-96 所示。

6. 旋转竖直

功能：用于纸样按照所选线段改变角度，使所选线段（可以任意点击两点）呈竖直状态。

操作说明：选择此工具，再选择参照线段的两端点，所选线段便呈竖直状态，纸样也随之进行旋转，如图 2-2-97、图 2-2-98 所示。

7. 顺时针方向旋转

功能：使纸样按顺时针方向旋转 90°。

操作说明：选择此工具，纸样便顺时针旋转 90°，如图 2-2-99、图 2-2-100 所示。

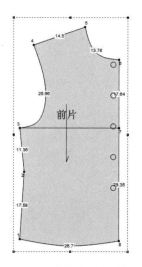

图2-2-95 旋转水平操作前纸样

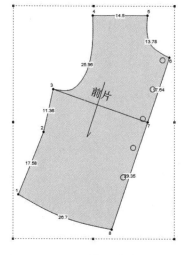

图2-2-96 纸样按肩线旋转水平

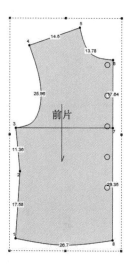

图2-2-97 旋转竖直操作前纸样

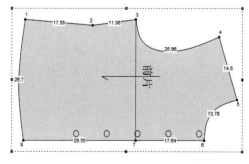

图2-2-98 纸样按胸围线旋转竖直

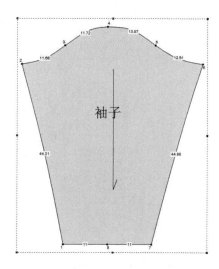

图2-2-99 顺时针方向旋转操作前纸样

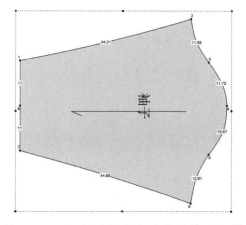

图2-2-100 顺时针方向旋转操作后纸样

8. 逆时针方向旋转

功能：使纸样按逆时针方向旋转 90°。

操作说明：选择此工具，纸样便逆时针旋转 90°，如图 2-2-101、图 2-2-102 所示。

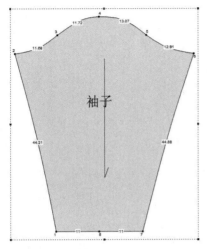
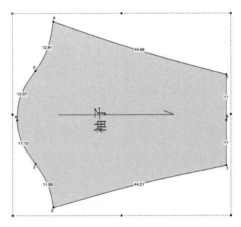

图2-2-101 逆时针方向旋转操作前纸样　图2-2-102 逆时针方向旋转操作后纸样

9. 反转水平

功能：使纸样或内线绕 Y 轴旋转 180°。

操作说明：选择此工具，纸样或内线便绕 Y 轴旋转 180°，如图 2-2-103、图 2-2-104 所示。

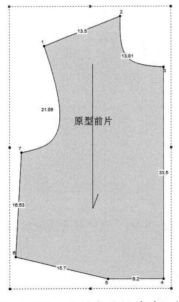
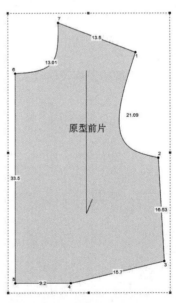

图2-2-103 反转水平操作前纸样　图2-2-104 反转水平操作后纸样

10. 反转竖直

功能：使纸样或内线绕 X 轴旋转 180°。

操作说明：选择此工具，纸样或内线便绕 X 轴旋转 180°，如图 2-2-105、图 2-2-106 所示。

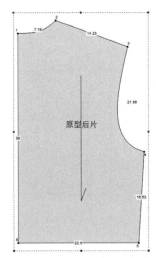

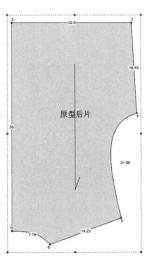

图2-2-105 反转竖直操作前纸样　　图2-2-106 反转竖直操作后纸样

11. 沿着所选位置反转

功能：使纸样或内线沿着所选要素进行反转。

操作说明：选择此工具，先选择反转基准线，再选择纸样或内线，纸样或内线便沿着所选要素进行反转，如图 2-2-107、图 2-2-108 所示。

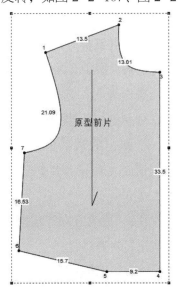

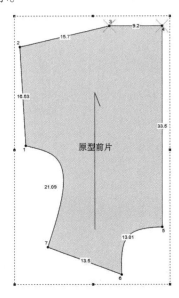

图2-2-107 反转竖直操作前纸样　　图2-2-108 反转竖直操作后纸样

12. 文字方向

功能：使文字靠向所选线段（必须是键盘打出来的字）。

操作说明：先选择文字，再选择此工具，用鼠标点击文字需要移动到的位置，再点击文字，则文字靠向所选线段方向，如图 2-2-109、图 2-2-110 所示。

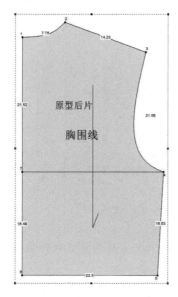

图2-2-109　文字方向调整前

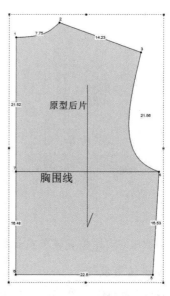

图2-2-110　文字方向调整后

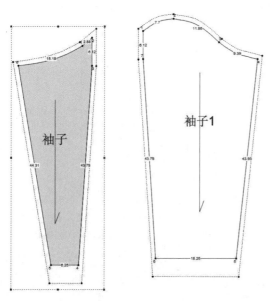

图2-2-111　合并纸样操作前

八、"建立及裁剪"工具盒（用于分割或合并纸样）

1. 合并纸样

功能：用于合并两个纸样。

操作说明：选择"合并纸样"工具后，分别选择需要合并的两纸样的对齐点，在弹出的对话框中选择对齐模式，点击确定完成操作，如图 2-2-111 ~图 2-2-115 所示。

注："更改方向"是指两纸样按所选两点进行对齐拼合。

注："只移动纸样连接"是指两纸样按所选两点对齐，只移动，不拼合。

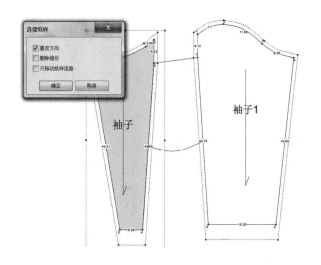

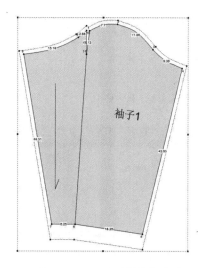

图2-2-112　选择两纸样对齐点进行更改方向设置

图2-2-113　纸样拼合完成

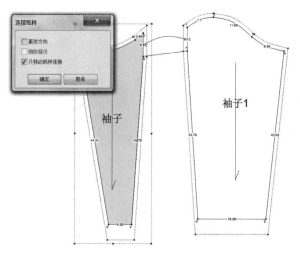

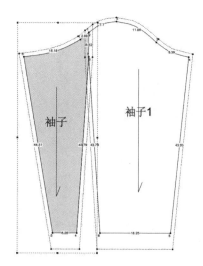

图2-2-114　选择两纸样对齐点进行只移动纸样连接设置

图2-2-115　纸样移动连接完成

2. 裁剪

功能：用于分开或裁剪纸样（不需要内线，直接画线裁剪）。

操作说明：选择纸样外轮廓线上的任意两点，可做直线分割；Shift键＋鼠标左键可选三点做曲线分割。选择完分割线后，出现加缝份对话框，设置缝边宽和缝边角，便直接给分割后的纸样加上缝边，如图 2-2-116～图 2-2-119 所示。

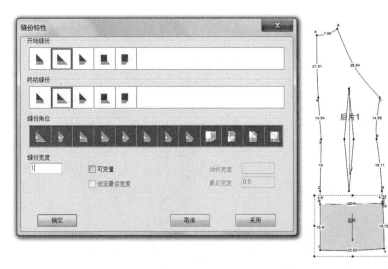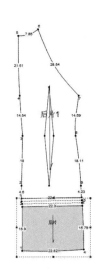

图2-2-116　纸样直线裁剪操作

图2-2-117　纸样直线裁剪操作完成

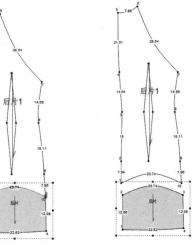

图2-2-118　纸样曲线裁剪操作

图2-2-119　纸样曲线裁剪操作完成

3. 沿内部裁剪

功能：利用内部线（直线或曲线）裁剪纸样，并给裁剪后的纸样加上缝边。

操作说明：先做纸样内部线（Shift 键＋鼠标左键可选三点做曲线做内线），再选择"沿内部裁剪"工具，选择该内部线，在缝边设定对话框中设置缝边宽和缝边角，点击确定后完成纸样分割，如图 2-2-120 ～图 2-2-123 所示。

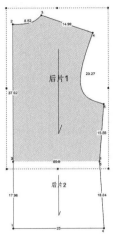

图2-2-120　纸样沿内部直线裁剪操作

图2-2-121 纸样沿内部直线裁剪操作完成

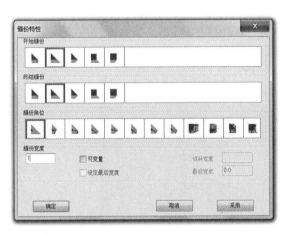
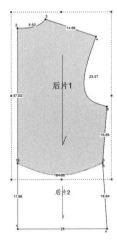

图2-2-122　纸样沿内部曲线裁剪操作

图2-2-123　纸样沿内部曲线裁剪操作完成

4. 对折打开

功能：用于制作连门襟。

操作说明：点击该工具后，先选择对折部位的对称轴（中心线），再选择翻转线，即完成连门襟的制作，如图 2-2-124、图 2-2-125 所示。

5. 对折

功能：该工具是对折打开的反操作。

操作说明：选择该工具后，首先选择对折中心线两端点（注意按顺时针方向选择），选择完毕后纸样按所选方向对折，如图 2-2-126、图 2-2-127 所示。

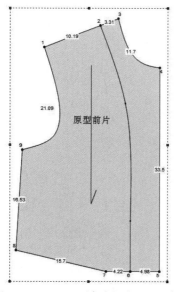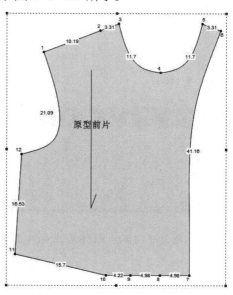

图2-2-124　纸样对折打开操作前　　　图2-2-125　纸样对折打开操作后

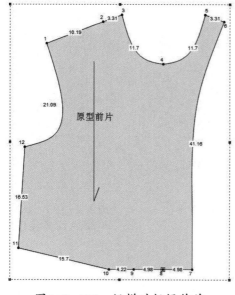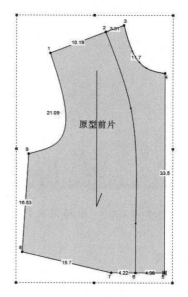

图2-2-126　纸样对折操作前　　　　图2-2-127　纸样对折操作后

6. 点对点对折

功能：纸样按照所选择的点进行对折。

操作说明：选择该工具后，先选取需要对折的纸样外轮廓上的点，再选择需要对折位置

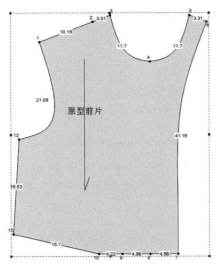

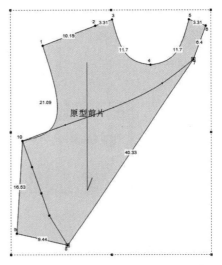

图2-2-128　纸样点对点对折操作前　　　　图2-2-129　纸样点对点对折操作后

的点，即完成纸样的点对点对折，如图 2-2-128、图 2-2-129 所示。

7. 建立纸样

功能：用于将纸样区中的闭合区域再制作成新的纸样。用于制作贴袋、门襟等零部件纸样。

操作说明：选择该工具后，先点击闭合区（可多选），闭合区变色后，再次单击变色的闭合区域，即生成新的纸样，利用选择工具可将此新纸样移出，如图 2-2-130、图 2-2-131 所示。

注：利用参考线拉出的闭合区域同样可用于此操作。

8. 描绘线段

功能：通过选取多段线段组成闭合区域，形成新的独立纸样。

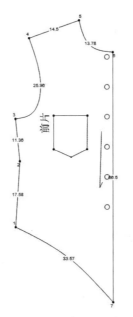

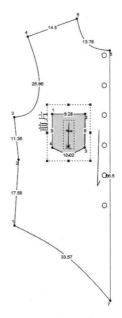

图2-2-130　建立纸样操作前　　图2-2-131　建立纸样操作后

操作说明：选择该工具后，依次选择构成闭合区域的多段线段，选择完毕后弹出对话框，点击确定形成新的独立纸样，如图 2-2-132、图 2-2-133 所示。

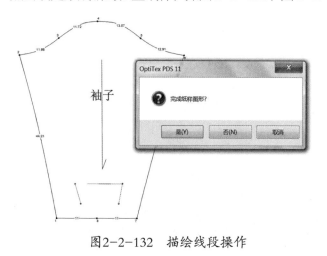 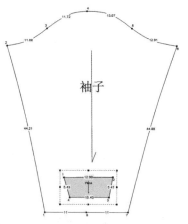

图2-2-132　描绘线段操作　　　　　　图2-2-133　描绘线段操作后

9. 描绘纸样

功能：用于将两纸样相交处制作成新的独立纸样。

操作说明：选择该工具后，先分别选择两纸样的相交部位（轮廓线），再次点击相交的闭合区域，即形成新的独立纸样，如图 2-2-134、图 2-2-135 所示。

注：7、8、9 三个工具的功能相似，主要是利用闭合区域生成新的独立纸样。

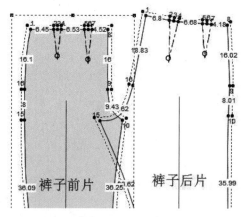 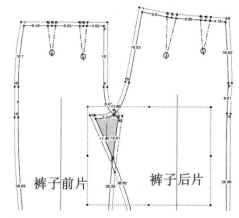

图2-2-134　描绘纸样操作前　　　　　　图2-2-135　描绘纸样操作后

10. 建立分区

功能：通过点击纸样中闭合区域，形成新的纸样，与7、8、9不同的是，该功能生成的纸样不是独立纸样，而是同步纸样。

操作说明：选择该工具后，选择闭合区域。双击新纸样，弹出特性对话框，设置图板分区，如图2-2-136、图2-2-137所示。

· 建立：点击后形成新纸样，与母体相关，母体变、同步变，如放码。

· 内部：画内部线同步。

· 删除：删除同步操作。

· 选择：选择同步纸样。

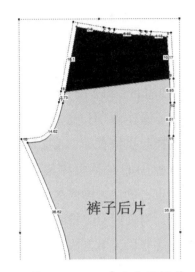

图2-2-136　建立分区操作　　　　图2-2-137　建立分区操作完成

11. 描绘分区

功能：该功能与建立分区相同。

操作说明：选择形成闭合区域的多个线段（同描绘线段的步骤），注意顺时针选择线段。选择完毕后，弹出特性对话框，设置图板分区，如图2-2-138所示。

九、"图形"工具盒

1. 草图

功能：用于画直线、折线、曲线等。

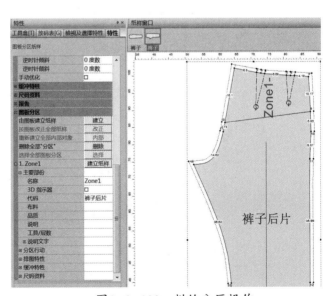

图2-2-138　描绘分区操作

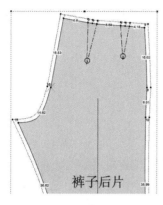

图2-2-139　草图工具绘制直线1

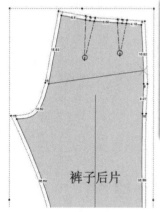

图2-2-140　草图工具绘制直线2

（1）两点线：在已有纸样内部绘制两点形成两点直线；或起点在纸样内部，终点在纸样外部，形成两点直线。

（2）三点或三点以上：如起点在纸样内，则三点或三点以上连成的是折线；如起点在纸样外，则三点或三点以上连成的是单独纸样，如图2-2-143、图2-2-144所示。

操作说明：选取此工具，选择起点位置（见功能说明），在弹出的对话框中输入数据或点击确定，再依次点击下一点，用鼠标左键将所有的点单击完毕后，单击鼠标右键，选择"完成草图"工具即可，如图2-2-139～图2-2-141所示。

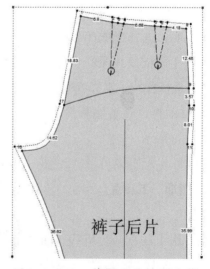

图2-2-141　草图工具绘制直线操作完成　　图2-2-142　草图工具绘制曲线

注：如想要创建曲线，在点击左键选点时，按住 Shift 键，如图 2-144 所示。

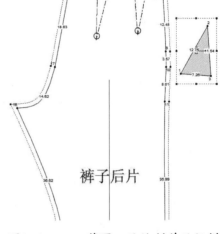

图2-2-143　草图工具绘制折线　　　　图2-2-144　草图工具绘制单独纸样

2. 切线图形

功能：用于做圆切线。

操作说明：先选一圆，从圆心拉线按住 Shift 键向另一圆上选择，便完成了从此圆心的圆到另一圆的圆切线，如图 2-2-145、图 2-2-146 所示。

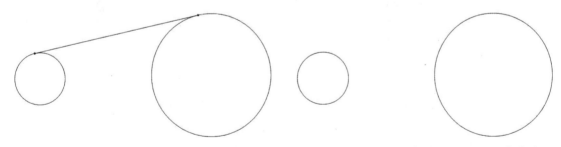

图2-2-145　切线图形绘制圆切线前　　　　图2-2-146　切线图形绘制圆切线完成

3. 弧形

功能：用于制作任意圆弧或弧线，或将已知直线改变成圆弧或任意形状的弧线。

操作说明：

（1）制作任意弧形：选择此工具，在工作区中任意位置顺时针依次选择两点，设置弹出的对话框，然后拖出弧线，如图 2-2-147 所示。

注：按住 Shift 键拖动，可做出任意形状的弧线，如图 2-2-148 所示。

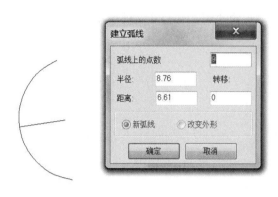

图2-2-147　弧形操作1　　　　　　　　图2-2-148　弧形操作2

（2）将已知直线改变成圆弧或任意形状的弧线：选择此工具，顺时针依次选择已知直线两点，设置弹出的对话框，然后拖出弧线，如图 2-2-149 所示。

注：按住 Shift 键拖动，可做出任意形状的弧线，如图 2-2-150 所示。

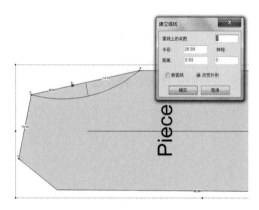
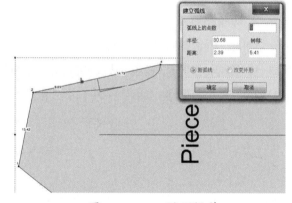

图2-2-149　弧形操作3　　　　　　　　图2-2-150　弧形操作4

4. 波浪形

功能：用于绘制上下对称的弧线形，可增加或减少对称数。可用于制作任意上下对称的弧线形，或将已知直线改变成上下对称的弧线形。

操作说明：

（1）制作任意上下对称的弧线形：选择此工具，在工作区中任意位置顺时针依次选择两点，设置弹出的对话框，然后拖出弧线，如图 2-2-151 所示。

注：点击 Tab 键一次，增加一个对称；点击 Shift+Tab 键一次，减少一个对称。

（2）将已知直线改变上下对称的弧线形：选择此工具，顺时针依次选择已知直线两点，设置弹出的对话框，然后拖出弧线，如图 2-2-152 所示。

注：点击 Tab 键一次，增加一个对称；点击 Shift+Tab 键一次，减少一个对称。

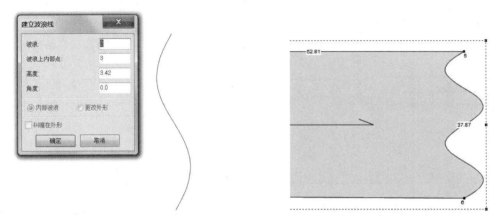

图2-2-151　绘制任意上下对称波浪形　　图2-2-152　将已知直线改变成上下对称的弧线形

5. 圆角

功能：用于通过输入半径制作纸样的圆角。

操作说明：选择该工具，单击需要做圆角的角点，弹出对话框，设置半径大小，点击确定，完成圆角制作，如图 2-2-153、图 2-2-154 所示。

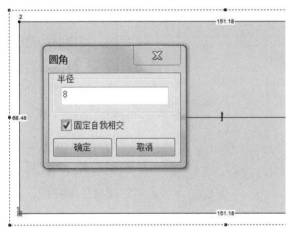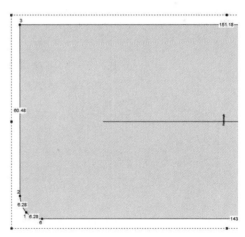

图2-2-153　圆角工具操作　　　　　　图2-2-154　圆角操作完成

6. 切角

功能：用于通过输入距离制作纸样的切角。

操作说明：选择该工具，单击需要做切角的角点，弹出对话框，设置距离大小，点击确定，完成切角制作，如图 2-2-155、图 2-2-156 所示。

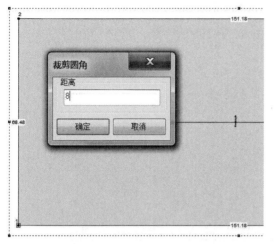

图2-2-155　切角工具操作

图2-2-156　切角操作完成

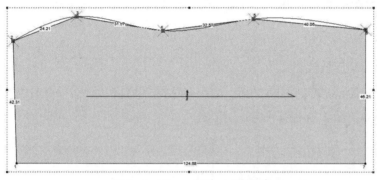

图2-2-157　顺滑工具操作

7. 顺滑

功能：用于修正纸样曲线的顺滑度。

操作说明：选中一条线的两端点，出现绿色线，点击曲线需要经过的点，绿线吸附到该点上，所有需要的点都吸附完成后，单击右键（或按住 Shift+ 左键点击空白处），选择"设定顺滑"即完成，如图 2-2-157、图 2-2-158 所示。

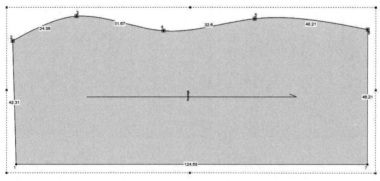

图2-2-158　顺滑操作完成

8. 合并图形

功能：用于合并内线。

操作说明：选中两线需要连接的两点，即将两线合并，如图 2-2-159、图 2-2-160 所示。

9. 分离图形

功能：用于分离一段内线。

操作说明：直接点击内线上的已知点，完成该内线的分离，也可在该线段无点处点击，则该内线从此鼠标投影点处分离，如图2-2-161、图2-2-162所示。

10. 延伸图形

功能：用于在所选线段上建立新图形或延伸。

操作说明：先选中内线，再选择该工具，设定对话框（输入延长数值及要素方向），点击确定完成该内线的延伸（延伸方向是指内线的两端），如图2-2-163、图2-2-164所示。

注："新图形"选项被选中后，将在该线段处建立一个新图形并按要求延伸，如图2-2-165、图2-2-166所示。

11. 延长内部

功能：用于延长内部线一定数值或将内部线延长至纸样轮廓线。

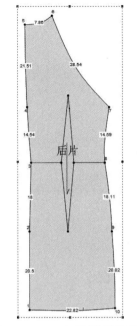
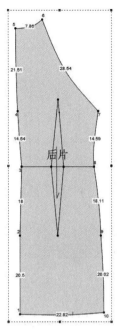

图2-2-159　合并图形操作前　　图2-2-160　合并图形操作后

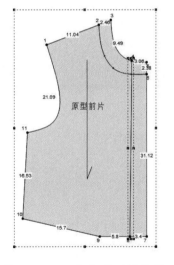
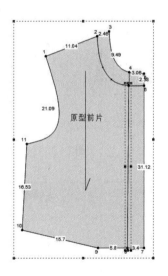

图2-2-161　分离图形操作前　　图2-2-162　分离图形操作后

操作说明：先选中需要延长的内部线上的一端点，该点变成＊号，再选择该工具，设置弹出的对话框，输入"延长数量"，正值表示增加，负值表示减少；每点一次，延长一次。或选择"一直到图形"，使该内线延伸到纸样外轮廓。点击关闭，完成该内线的延伸，如图2-2-167～图2-2-169所示。

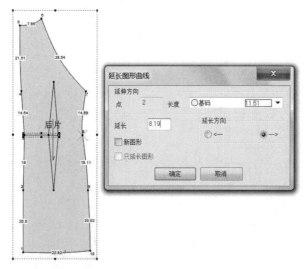

图2-2-163　延伸线段操作

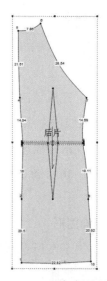

图2-2-164　延伸线段操作完成

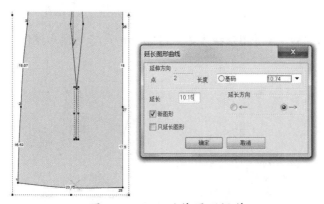

图2-2-165　延伸图形操作

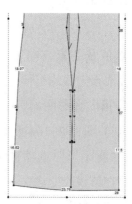

图2-2-166　延伸图形操作完成

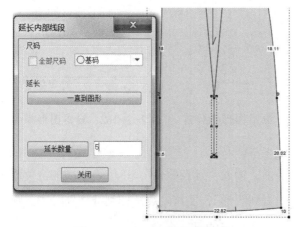

图2-2-167　延长内部操作

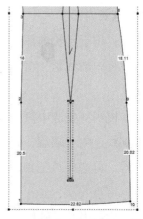

图2-2-168　延长内线一段距离

注：如是直线，则将点延长出去；如是曲线，则将该点与前一点连成直线。

12. 整理

功能：用于裁剪内部线，裁剪到最靠近的相交处。

操作说明：先选择该工具，再选择需要整理的内部线，则该内部线被裁剪到最靠近的相交处，如图 2-2-170、图 2-2-171 所示。

13. 描绘及整理

功能：用内线整理与其相交（或延长线相交）的内线，裁剪到最近的相交处。

操作说明：先选择该工具，再选择被裁剪线保留端的端点，最后选择起剪刀作用的内线，则完成内线的裁剪，如图 2-2-172、图 2-2-173 所示。

14. 线与线段之间

功能：用于在两段内线或纸样外轮廓上相对的两段线之间做与两段线平行的线段，可用于制作明线、衍缝线等示意图。

操作说明：先选择该工具，再选择两段线（纸样上或纸样内部线），注意顺时针选端点，在弹出的对话框中输入"线数量"和"延伸到外围"，点击确定，即完成了在两段线中间做线，如图 2-2-174、图 2-2-175 所示。

15. 交换线段

功能：用于通过交换内线与轮廓

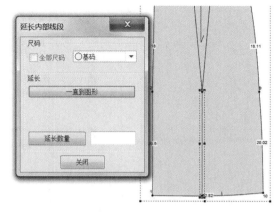

图2-2-169　延长内线至纸样外轮廓

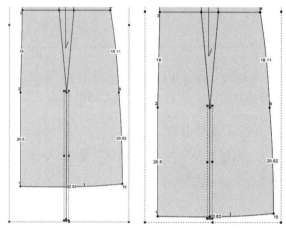

图2-2-170　整理操作前　图2-2-171　整理操作后

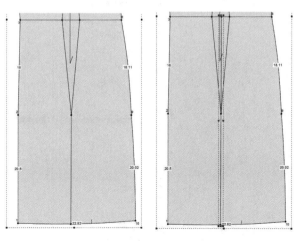

图2-2-172　描绘及整理操作前　图2-2-173　描绘及整理操作后

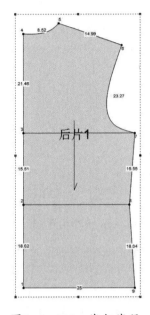

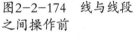

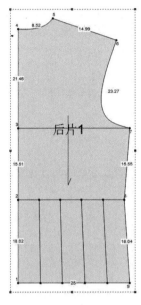

图2-2-174 线与线段之间操作前　　图2-2-175 线与线段之间操作后

线（最好两线端点重合）来改变纸样外形。

操作说明：先选择轮廓线两端，再选内线两端，设定弹出的对话框，点击确定即完成，如图 2-2-176 ～图 2-2-178 所示。

16. 建立平行

功能：用于制作平行线。

操作说明：先选择被平行线，再设定弹出的对话框（如果参照线是纸样轮廓线，则正值是向纸样内部做，负值是向纸样外部做；如果参照线是内部线，则参照坐标轴输入正负），确定后即完成，如图 2-2-179、图 2-2-180 所示。

注：对话框中的"延长第一点"和"延长终点"，选中它们，则新做的平行线与外轮廓相接，不选，则做等长平行线。"距离"是指垂直距离，"图形距离"是由点"延长第一点"和"延长终点"参照图形。

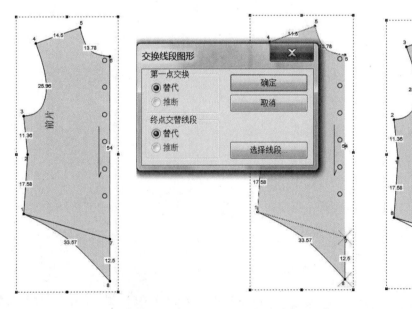

图2-2-176 交换线段操作前　　图2-2-177 交换线段操作　　图2-2-178 交换线段操作后

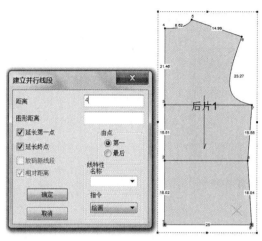

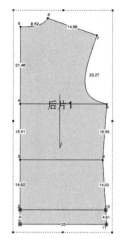

图2-2-179　建立平行操作前　　　　图2-2-180　建立平行操作后

17. 平行延长

功能：调整纸样外轮廓大小。通过选中的外轮廓上的一段线，设定弹出对话框（可输入正负值），达到调整纸样的目的。

操作说明：选中该工具，再选中纸样外轮廓上线段的两端点，设定弹出对话框，点击确定后完成纸样的延伸，如图 2-2-181、图 2-2-182 所示。

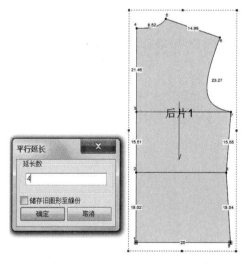
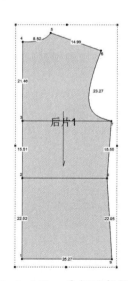

图2-2-181　平行延长操作前　　　　图2-2-182　平行延长操作后

18. 图形至图形

功能：将选中的圆形转换成圆形纸样。

操作说明：先选择一圆形，再选择此工具，设置弹出对话框，确定后即完成了圆形到图形的操作，如图2-2-183、图2-2-184所示。

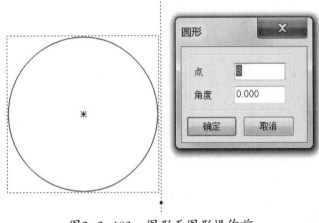 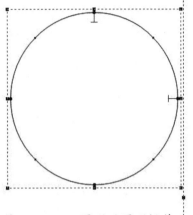

图2-2-183　图形至图形操作前　　　　图2-2-184　图形至图形操作后

19. 过度裁剪孔洞——用于裁床设备

十、"对称半片"工具盒

1. 设定半片

功能：用于将纸样沿所选线段对称复制，复制后的纸样在改动时同步变动。

操作说明：选择此工具，先按顺时针选择作为对称轴的线段两端点，纸样便沿所选线段对称复制，复制出与原纸样形状相同的纸样，如图2-2-185、图2-2-186所示。

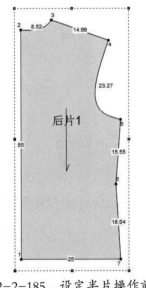 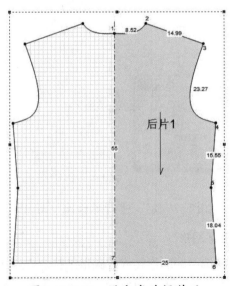

图2-2-185　设定半片操作前　　　图2-2-186　设定半片操作后

2. 设定对称线

功能：用于将纸样沿所选线段对称复制，可在"特性"里点击"对折打开"去掉对折虚线，可以对纸样进行不对称修改，分别修改对称纸样的两边。

操作说明：选择此工具，先按顺时针选择作为对称轴的线段两端点，纸样便沿所选线段对称复制，复制出与原纸样形状对称的纸样。在"特性"里点击"对折打开"去掉对折虚线，可以进行不对称移动，如图 2-2-187、图 2-2-188 所示。

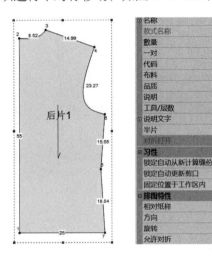

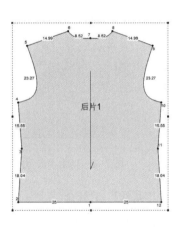

图2-2-187　设定对称线操作前　　　　图2-2-188　设定对称线操作后

3. 打开半片

功能：用于将设定半片操作中的对称半片与原纸样合为一体。

操作说明：选择此工具，对称半片便与原纸样合为一体，如图 2-2-189、图 2-2-190 所示。

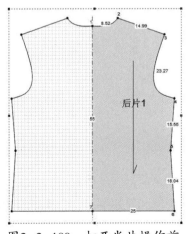

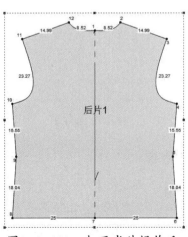

图2-2-189　打开半片操作前　　　　图2-2-190　打开半片操作后

4. 关闭半片

功能：用于将对称半片还原（是打开半片的反操作）。

操作说明：选择此工具，对称半片便还原，如图 2-2-191、图 2-2-192 所示。

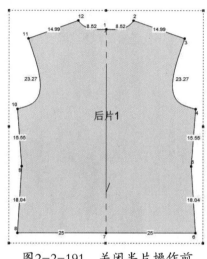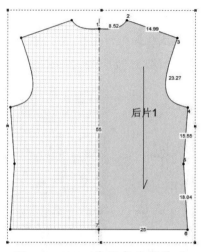

图2-2-191　关闭半片操作前　　　　图2-2-192　关闭半片操作后

十一、"基线"工具盒

1. 新基线

功能：用于纸样变化大时，更新布纹线，使其调整到纸样中心位置。

操作说明：先选择纸样，再选择此工具，布纹线会随着纸样的大小相应调整，并重新置于纸样中心处，如图 2-2-193、图 2-2-194 所示。

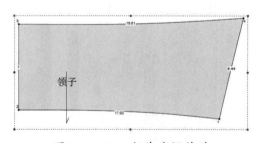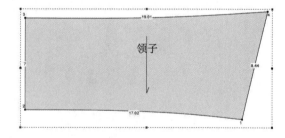

图2-2-193　新基线操作前　　　　　图2-2-194　新基线操作后

2. 旋转至基线

功能：用于纸样变化大时，更新布纹线的方向，使其旋转至水平。

操作说明：先选择纸样，再选择此工具，布纹线会旋转至水平方向，而纸样也随之进行旋转，如图 2-2-195、图 2-2-196 所示。

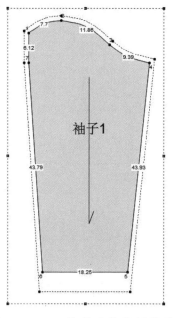

图2-2-195　旋转至基线操作前　　　　图2-2-196　旋转至基线操作后

3. 基线方向

功能：使基线与所选内线相平行。

操作说明：选择该工具，再选择内线两端点，基线便与所选内线相平行，如图 2-2-197、图 2-2-198 所示。

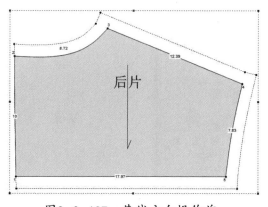

图2-2-197　基线方向操作前

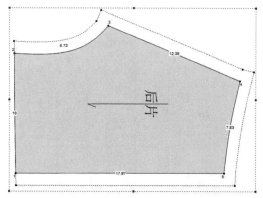

图2-2-198　基线方向操作后

4. 垂直基线

功能：使基线与所选内线垂直。

操作说明：选择该工具，再选择内线两端点，基线便与所选内线垂直，如图 2-2-199、图 2-2-200 所示。

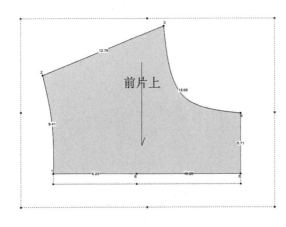

图2-2-199　垂直基线操作前

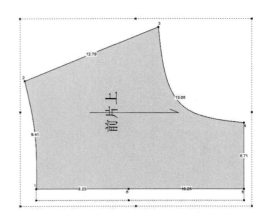

图2-2-200　垂直基线操作后

十二、"缝份"工具盒

1. 缝份

功能：用于给纸样加缝份，每次只能添加一条线段的缝边，不能全部同时加缝份。

操作说明：选择该工具，依次顺时针选择要加缝边的线段两端点（或按住 Shift 键，直接点击需要添加缝边的线段），弹出缝份特性对话框，设置缝份大小及缝边角类型，点击确定后即完成缝份的添加，如图 2-2-201、图 2-2-202 所示。

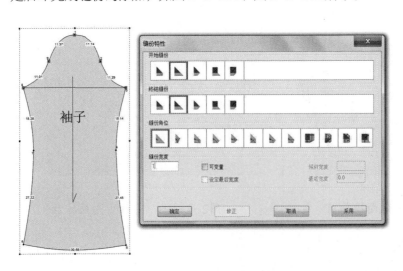

图2-2-201　缝份操作

图2-2-202　缝份操作完成

2. 建立基本缝份于同一纸样

功能：通过选择可为所有纸样的所有边添加缝份。

操作说明：选择此工具，弹出"设定基本缝份线"对话框，按照需要选择设置，点击确定后，即为纸样添加完缝份，如图 2-2-203、图 2-2-204 所示。

3. Remove Seam

功能：删除所选纸样上的所有缝份。

操作说明：选择需要删除缝份的纸样，再选择此工具，所选纸样上的所有缝份即删除，如图 2-2-205、图 2-2-206 所示。

4. 移除缝份

功能：将所选线段上的缝份删除。

操作说明：选择

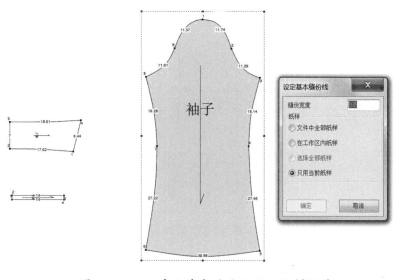

图2-2-203　建立基本缝份于同一纸样操作

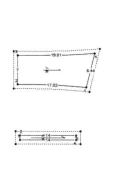

图2-2-204　建立基本缝份于同一纸样操作完成

图2-2-205　Remove Seam 操作前

图2-2-206　Remove Seam 操作后

此工具，按顺时针选择需要删除缝份的线段两端点，该缝份即被删除，如图 2-2-207、图 2-2-208 所示。

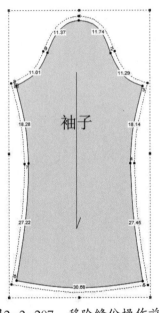 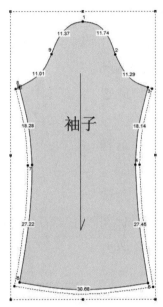

图2-2-207　移除缝份操作前　　　　　图2-2-208　移除缝份操作后

5. 裁剪缝份角度

功能：用于剪切缝边的转角。

操作说明：选择该工具，先选择纸样上需要做转角的位置点，再选择与其对位的缝份上的点，设置弹出的对话框，设置完点击确定，再点击需要转角的位置点，再次设置弹出对话框，设置完点击确定即完成裁剪缝份角度的操作，如图 2-2-209 ~图 2-2-213 所示。

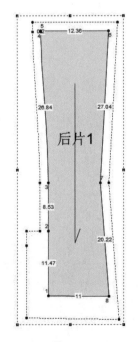 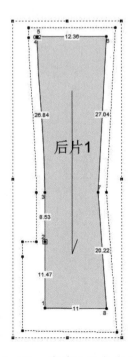

图2-2-209　裁剪缝份角度操作1　　图2-2-210　裁剪缝份角度操作2

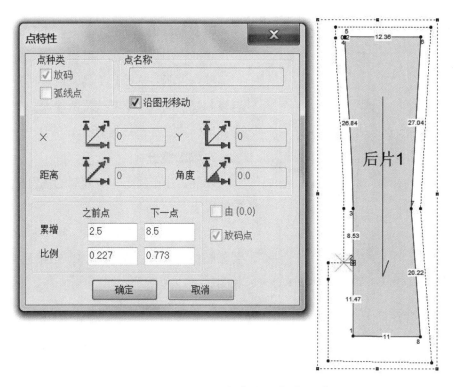

图2-2-211 裁剪缝份角度操作 3

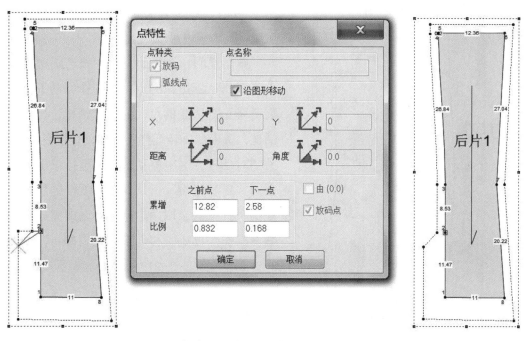

图2-2-212 裁剪缝份角度操作 4　　图2-2-213 裁剪缝份角度操作完成

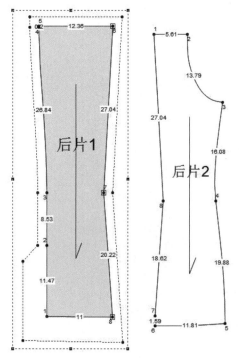

图2-2-214　复制缝份操作

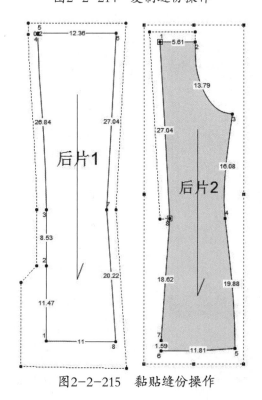

图2-2-215　黏贴缝份操作

6. 复制缝份

功能：用于复制已知缝份。

操作说明：选择此工具，按顺时针选择需要复制缝份的纸样上某线段两端点，则复制缝份完毕，如图 2-2-214 所示。

7. 黏贴缝份

功能：用于将上一步复制的缝份黏贴到指定线段上。

操作说明：选择该工具，按顺时针选择需要黏贴缝份的线段两端点，即黏贴缝份完毕，如图 2-2-215 所示。

8. 复制缝份

功能：与下一步"相配缝份"配合修正公主线一类的缝边对位。

操作说明：见下一步操作说明。

9. 相配缝份

功能：与上一步"复制缝份"配合修正公主线一类的缝边对位。

操作说明：选择此工具，先选固定纸样上需要修正缝边角的点，再选择移动纸样上需要修正缝边角的点，弹出对话框，设定对话框，选中"反转纸样"按钮，设置完毕后，关闭对话框。选中移动纸样，选择该工具上面的"复制缝份"工具，在两纸样缝份相交处顺时针依次选取两个相交点，即完成相配缝份操作。再还原移动纸样位置即可，如图 2-2-216 ～图 2-2-219 所示。

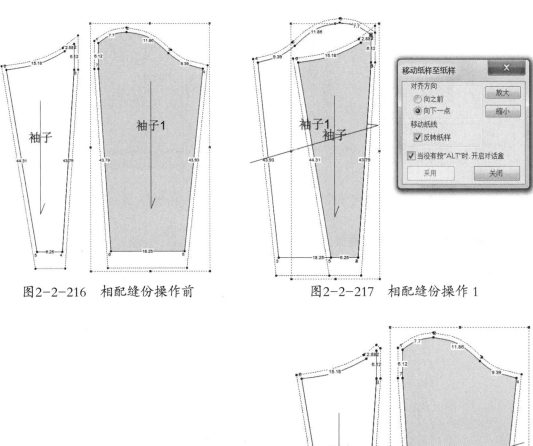

图2-2-216　相配缝份操作前　　　　　图2-2-217　相配缝份操作 1

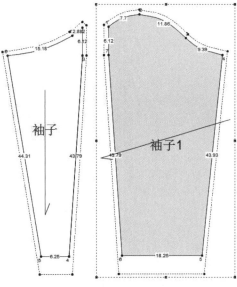

图2-2-218　相配缝份操作 2　　　　　图2-2-219　相配缝份操作完成

10. 缝份于线段上

功能：用于对所选线段加缝份。

操作说明：选择此工具，选择需要加缝份的线段，设置弹出对话框，确定后即加缝份操作完毕，如图 2-2-220、图 2-2-221 所示。

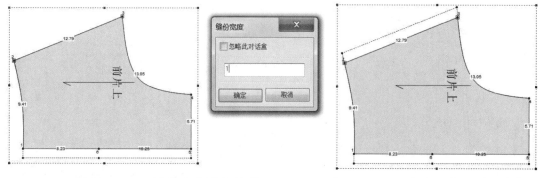

图2-2-220　缝份于线段上操作　　　图2-2-221　缝份于线段上操作完成

11. 转换内部图形至纸样缝份

功能：用于将图形线转换成缝份线。

操作说明：选择此工具,选择内部闭合线,则转换完毕,如图2-2-222～图2-2-224所示。

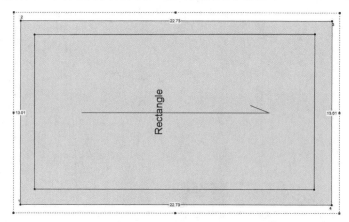

图2-2-222　转换内部图形至纸样缝份操作前

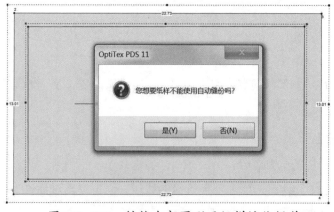

图2-2-223　转换内部图形至纸样缝份操作

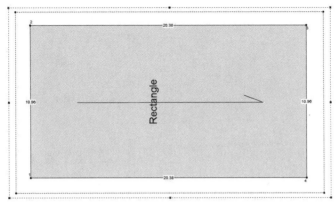

图2-2-224　转换内部图形至纸样缝份操作完成

注：F5快捷键用于切换毛板和净板（一般用于对毛板进行修改后）。

F6快捷键用于修改净板后，更新缝份，如图2-2-225～图2-2-227所示。

Ctrl+F6快捷键用于隐藏缝份。

F4快捷键用于隐藏放码。

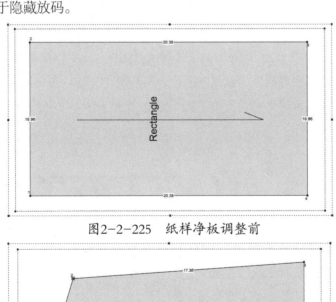

图2-2-225　纸样净板调整前

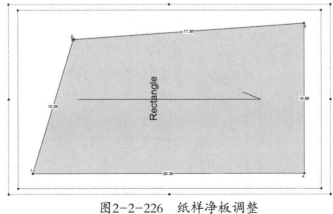

图2-2-226　纸样净板调整

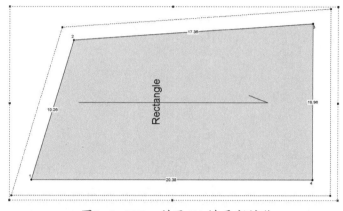

图2-2-227　利用 F6 键更新缝份

十三、"死褶及生褶"工具盒

1. 死褶

功能：用于做省道。可移动省尖，调整省长及省宽。

操作说明：先选择该工具，再在需要做省道的线段上选择省道的一边点的位置，设置弹出对话框，再选择省道另一边点的位置，设置弹出对话框，完毕后拖动鼠标确定省尖的位置，点击左键，在弹出的特性对话框中设置省道值，省道制作完毕，可将鼠标光标放置在省尖位置，再次点击左键，则可移动省尖位置，如图 2-2-228 ～图 2-2-232 所示。

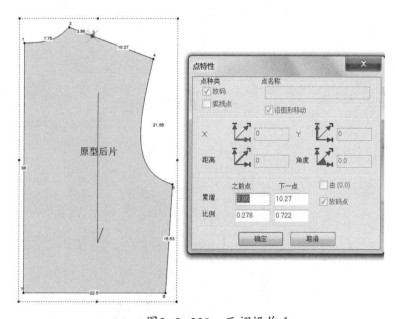

图2-2-228　死褶操作 1

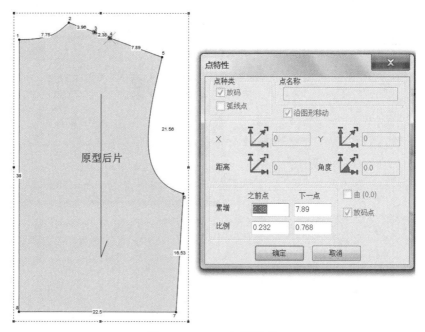

图2-2-229 死褶操作 2

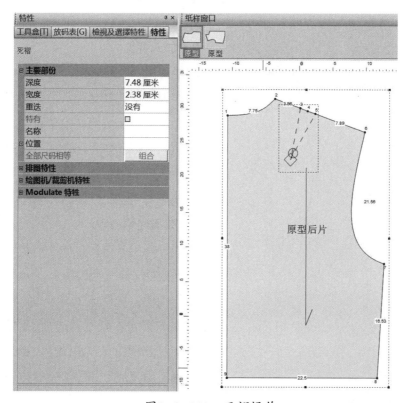

图2-2-230 死褶操作 3

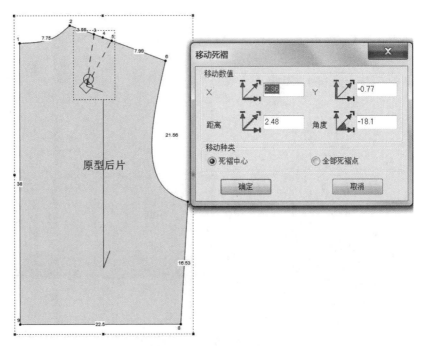

图2-2-231　死褶操作 4

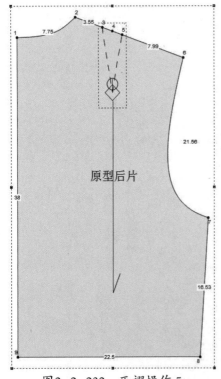

图2-2-232　死褶操作 5

2. 加入容位

功能：用于展开纸样。

操作说明：选择此工具，鼠标左键选取第一点的位置（纸样上的第一点位置就是需要加展开量的位置），鼠标左键选取第二点的位置，点击确定。设置弹出对话框，输入距离或角度（无点可直接选择），如图 2-2-233、图 2-2-234 所示。

3. 死褶经中心点

功能：该工具可经过中心点建立死褶。可用于制作泡泡袖（打开泡泡袖）。

操作说明：选择该工具，先选肩点，再选袖肥上的对应点，再顺时针选袖山曲线上的两点，拖动鼠标打开袖山，点击鼠标左键，设置弹出对话框，确定后完成，如图 2-2-235 ～图 2-2-240 所示。

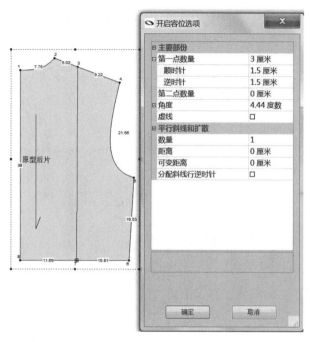

图2-2-233　加入容位操作 1

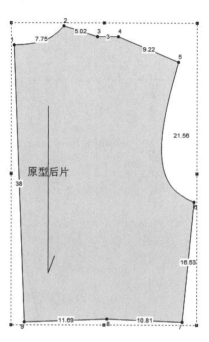

图2-2-234　加入容位操作 2

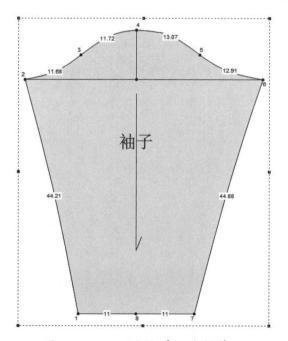

图2-2-235　死褶经中心点操作 1

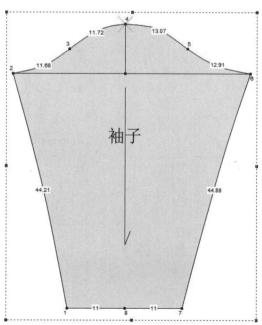

图2-2-236　死褶经中心点操作 2

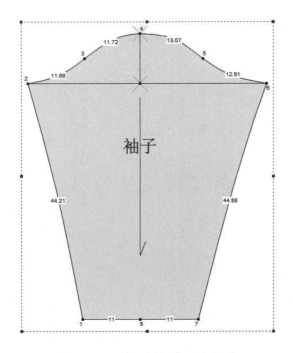

图2-2-237　死褶经中心点操作 3

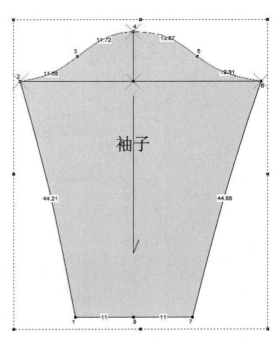

图2-2-238　死褶经中心点操作 4

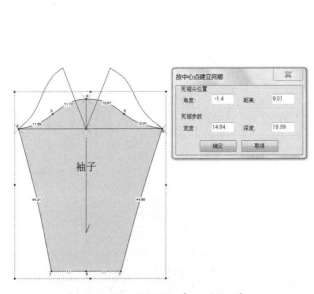

图2-2-239　死褶经中心点操作 5

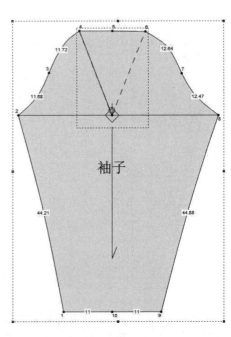

图2-2-240　死褶经中心点操作完成

4. 编辑死褶经中心点

功能：用于编辑"死褶经中心点"打开的褶的设定。

操作说明：先选省尖（袖肥上的点），再顺时针选袖山，在对话框中设定褶，如图 2-2-241 ～图 2-2-243 所示。

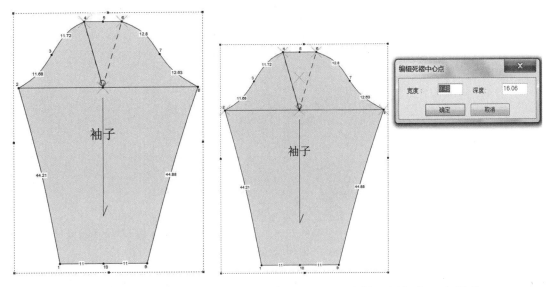

图2-2-241 编辑死褶经中心点操作1　　　图2-2-242 编辑死褶经中心点操作2

5. 按中心点关闭死褶

功能：用于关闭上述工具（3.死褶经中心点）的操作，编辑后的死褶经中心点无法关闭。

操作说明：选择该工具，先选省尖，再顺时针选择袖山两端点，即关闭死褶经中心点打开的褶，如图 2-2-244 ～图 2-2-246 所示。

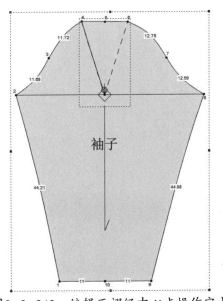

图2-2-243 编辑死褶经中心点操作完成

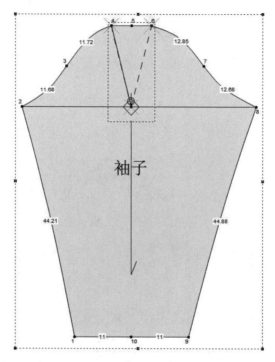

图2-2-244　按中心点关闭死褶操作 1

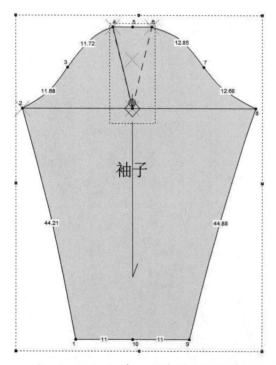

图2-2-245　按中心点关闭死褶操作 2

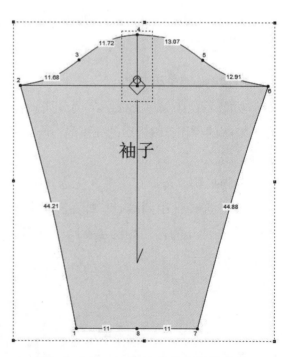

图2-2-246　按中心点关闭死褶完成

6. 弧形及裁剪死褶

功能：用于调整省边的弧度。

操作说明：选择该工具，先选中省道，再选择省尖，再拖动省道两边，如图 2-2-247、图 2-2-248 所示。

7. 改变纸样为扇形

功能：参照已知扇形边，制作新扇形纸样。

操作说明：首先做出腰头基本纸样，利用容位工具使其变成扇形。建立裙身基本纸样，顺时针选择腰头下边两端点，再顺时针选择裙身上边两端点，然后顺时针选择裙身下边两端点并设置对话框，对话框中选中"移除扇形点"，则改变纸样为扇形操作完成，如图 2-2-249 ~ 图 2-2-255 所示。

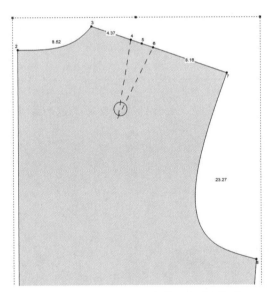

图2-2-247　弧形及裁剪死褶操作前

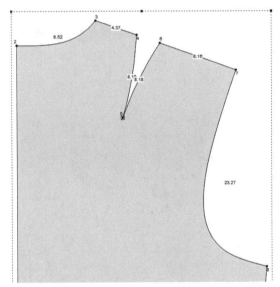

图2-2-248　弧形及裁剪死褶操作后

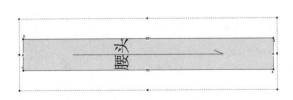

图2-2-249　建立腰头基本纸样

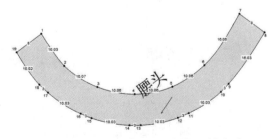

图2-2-250　利用容位工具将纸样变扇形

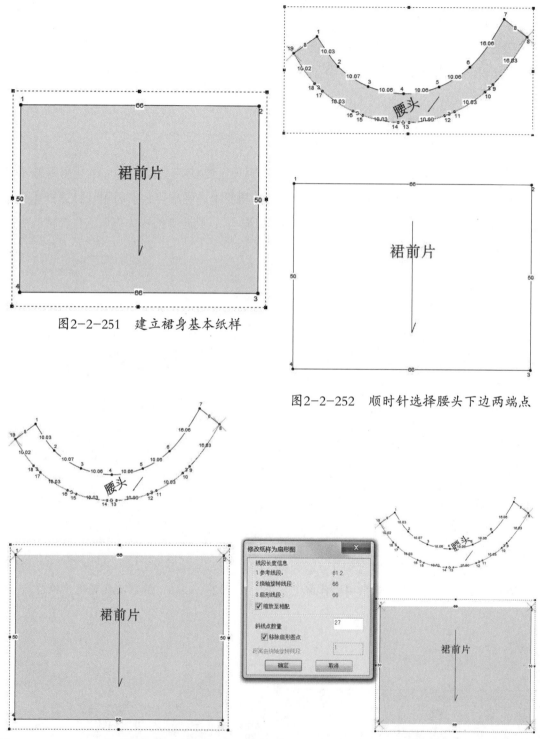

图2-2-251　建立裙身基本纸样

图2-2-252　顺时针选择腰头下边两端点

图2-2-253　顺时针选择裙身上边两端点

图2-2-254　顺时针选择裙身下边两端点并设置对话框

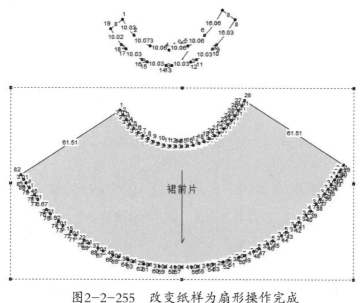

图2-2-255 改变纸样为扇形操作完成

8. 建立死褶

功能：通过外轮廓上已知两点作为省宽建立省道。

操作说明：连续选择轮廓线上两点（先选一点，再按住 Ctrl 选择另一点），再选择"建立死褶"工具，左侧出现特性对话框后调整省道的特性，如图 2-2-256 ～图 2-2-258 所示。

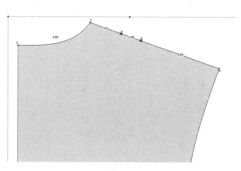

图2-2-256 建立死褶操作 1

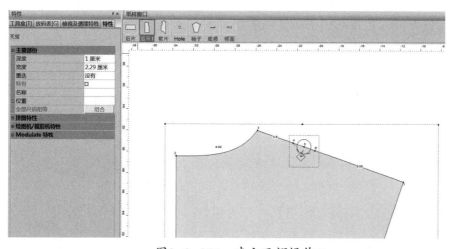

图2-2-257 建立死褶操作 2

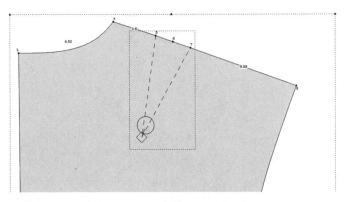

图2-2-258　建立死褶操作 3

图2-2-259　多个死褶操作

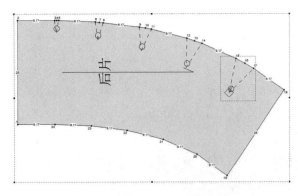

图2-2-260　多个死褶完成

9. 多个死褶

功能：在一条线段上同时创建多个省道。选择外轮廓上两点间的一段线，再选择"多个死褶"工具，设定对话框，可做出多个渐变的省道。

操作说明：先按顺时针选择外轮廓上的两点（先选一点，再按住 Ctrl 选择另一点），再选择"多个死褶"工具，弹出对话框，设定对话框，则做出多个渐变的省道，如图 2-2-259、图 2-2-260 所示。

10. 复制死褶

功能：用于复制省道。

操作说明：见"黏贴死褶"工具。

11. 黏贴死褶

功能：用于黏贴省道。

操作说明：先选中要复制黏贴的省道，再选择"复制死褶"工具，再点击需要黏贴位置的点，再选择"黏贴死褶"工具，即完成整个操作，如图 2-2-261 ～图 2-2-263 所示。

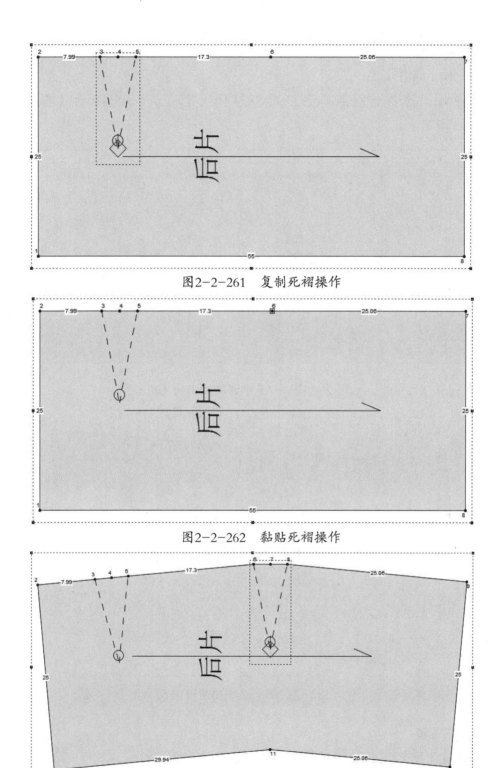

图2-2-261 复制死褶操作

图2-2-262 黏贴死褶操作

图2-2-263 复制黏贴死褶操作完成

12. 关闭死褶

功能：用于取消省道。

操作说明：先选中省道（点击省尖），再点"关闭死褶"工具，省道即闭合，如图2-2-264、图2-2-265所示。

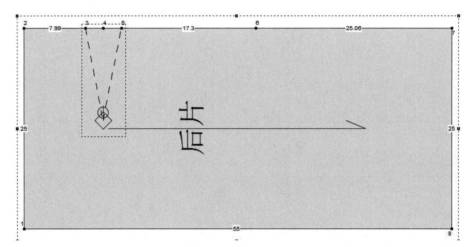

图2-2-264　选中需要关闭的省道

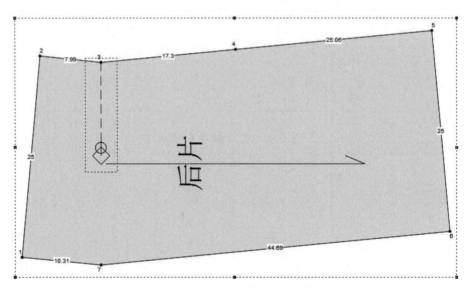

图2-2-265　选中的省道关闭

13. 修正死褶

功能：用于修正两边不相等的省道（省宽和深在特性中调整）。

操作说明：先选择"修正死褶"工具，再选择需要修正的省道，在弹出的对话框中选择修正方式，确定后，省道即修正完毕，如图 2-2-266 ～图 2-2-268 所示。

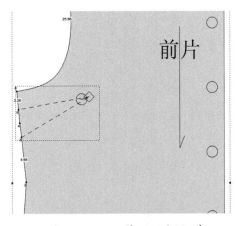

图2-2-266　修正死褶之前

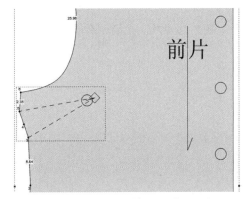

图2-2-268　修正死褶之后

图2-2-267　修正死褶操作

14. 生褶

功能：用于制作活褶。

操作说明：先做出褶位，选择"生褶"工具，再按顺时针方向选择褶位的两端点，在弹出的对话框中设置活褶数和褶子的深度、褶之间的距离等。确定后，即生成活褶，如图 2-2-269 ～图 2-2-271 所示。

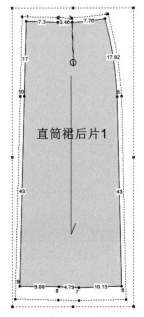

图2-2-269　确定生褶位置（两点或褶位线）

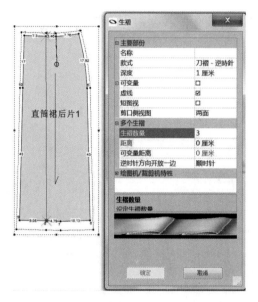

图2-2-270 选择褶位并设定生褶参数

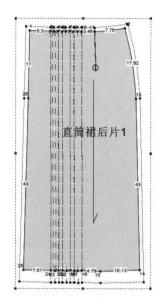

图2-2-271 生褶制作完成

15. 生褶线

功能：该工具用于制作活褶的褶位线。

操作说明：选择生褶线工具，按顺时针方向依次选择需要做生褶线的两端点，则生褶线制作完成，如图 2-2-272 ～图 2-2-274 所示。

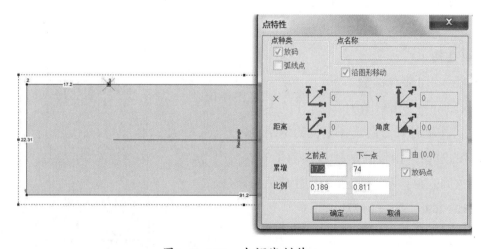

图2-2-272 生褶线制作 1

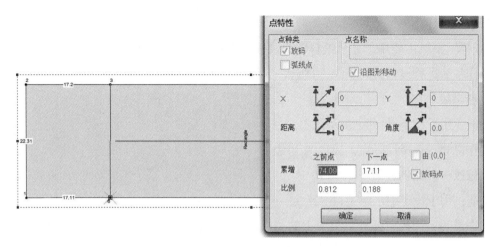

图2-2-273　生褶线制作2

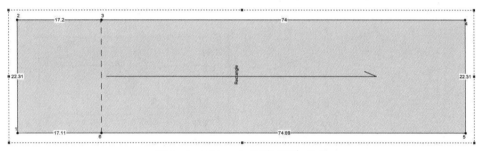

图2-2-274　生褶线制作完成

第三节　打板菜单工具介绍

在 PDS 系统中，打板操作主要利用打板工具盒来操作，因此，本节主要介绍菜单中的一些常用工具。

一、菜单"文件"

"文件"菜单主要用于对文件的处理，如保存、打开、绘图及打印设置等，其中部分同打板工具盒下面的"窗口工具"一样。

二、菜单"编辑"

"编辑"菜单主要用于对纸样的处理，如复原、再作、复制及黏贴操作等，其中部分同打板工具盒下面的"窗口工具"一样。

三、菜单"纸样"

"纸样"菜单主要用于显示纸样资料及建立纸样等，同工具栏上的建立纸样工具栏，还可对纸样基线进行设置，同基线工具盒。

1. 参考线

功能：用于控制操作区的标尺。

操作说明：选择尺码点，标尺即出现。

2. 修改——比例放缩

功能：用于设定缩水率（百分比）。

操作说明：选择"纸样"菜单下的"修改"工具，选择比例放缩，输入 X/Y 方向的缩水百分比，在下面的窗口里即显示增加的尺寸，点击确定完成，如图 2-3-1 所示。

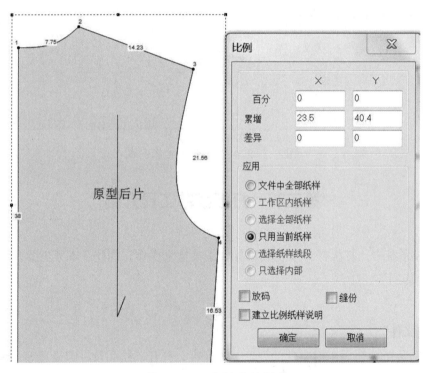

图2-3-1　比例放缩操作

四、菜单"设计"

"设计"菜单主要用于对纸样内部图形等的处理，同工具盒中的图形工具盒，还可对纸样进行裁剪等操作，同建立及裁剪工具盒。

1. 内部到纸样 / 纸样到内部

功能：用于将一个纸样放入另一纸样做内线，或相反操作。可用于做口袋、袋盖、门襟一类的纸样。

操作说明：先选中一个纸样，再选择"设计"菜单下的"内部到纸样 / 纸样到内部"工具，选择转换纸样到内部，则将所选纸样转换成另一纸样的内部线，如图 2-3-2、图 2-3-3 所示。

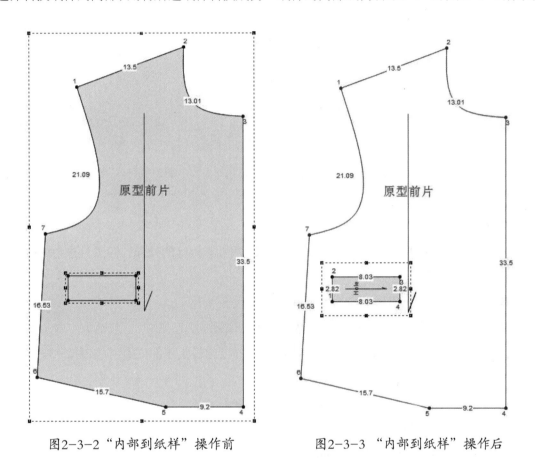

图2-3-2 "内部到纸样"操作前　　　图2-3-3 "内部到纸样"操作后

注：纸样至孔洞矩形，是将已知纸样或闭合内线转换成纸样上的孔。先选择纸样或闭合内线，再选择此工具，设置弹出对话框（X/Y 是指空洞边缘是否预留出裁刀边距），确定后完成。

2. 加入——加点 / 线于线

功能：用于直线或曲线的线段等分。

操作说明：选择"设计"菜单下的"加入"工具，选择加点 / 线于线，设置弹出对话框，点击确定完成，如图 2-3-4、图 2-3-5 所示。

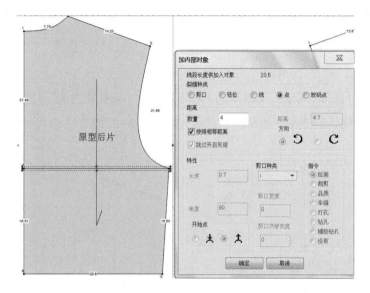

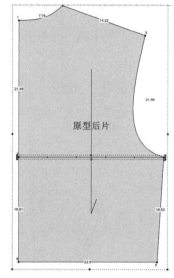

图2-3-4 "加点于线"操作窗口设置　　　　图2-3-5 "加点于线"操作后

五、菜单"工具"

"工具"菜单主要用于对纸样缝份、死褶、生褶及容位等的处理，同工具盒中的缝份工具盒和死褶及生褶工具盒。

其余设定：

功能：用于调整背景、纸样、线条等的颜色。

操作说明：单击"工具"菜单中的"其余设定"，按要求设定各部位颜色，如图 2-3-6 所示。

注：

Ctrl+F：用于切换"全填颜色"和"全不填颜色"设置。

F8：显示 / 隐藏纸样外轮廓上两放码点之间的长度标示。

Shift+F8：显示 / 隐藏纸样内线的长度标示。

六、菜单"图视"

"图视"菜单主要是用于对各种操作窗口的显示及隐藏的处理。

1. 比较线段长度

功能：用于核对多段线段的对位。如衣身的袖窿（可由多段线段组成）与袖子、袖山的对位，可计算出它们之间的吃量。

操作说明：点击菜单栏"图视"按钮下拉菜单，选择"比较线段长度"工具，在纸样工

图2-3-6　"其余设定"操作窗口

作区下方出现"比较线段长度"工具栏。点击一般工具盒中的"长度工具"，顺时针选择需要测量的线段两端点，出现"测量"对话框，点击"编辑线段长度"命令按钮，弹出"线段长度"对话框，点击"确定"，然后在"比较线段长度"工具栏下方点击"+"，即出现刚测量的线段长度，然后可继续测量另一段线，测量完毕后，再次点击"+"或"-"（视该段线与前一段线的关系而定），如已经测量了袖窿的一部分，而袖窿是由几段组成，则点击"+"，如袖窿已经测量完毕，需要测量与其对位的袖山时，测量完袖山时点击"-"，所有测量完毕后，"比较线段长度"工具栏中计算出该袖窿与袖山的差量及袖山与袖窿的比率，如图2-3-7所示。

尺码	+	+	总数+	放码总数+	-	总数-	放码总数-	部份总计	比率
XS	20.49	21.09	41.58	-0.54	44.38	44.38	0	-2.8	1.07
S	21.02	21.09	42.11	-0.54	44.38	44.38	0	-2.27	1.05
M	21.56	21.09	42.65	0	44.38	44.38	0	-1.73	1.04
L	22.1	21.09	43.19	0.54	44.38	44.38	0	-1.19	1.03
XL	22.64	21.09	43.73	0.54	44.38	44.38	0	-0.65	1.01

图2-3-7　"比较线段长度"操作窗口

图2-3-8 "图视与选择"
操作窗口

2. 图视与选择

"图视与选择"菜单工具即是"检视与选择特性"工具盒。

功能：用于显示或隐藏各制图符号及名称等。

操作说明：点击该菜单工具，则显示 / 隐藏"检视与选择特性"工具盒。

注：其中"图形点"下面的"数量"是指各放码点的编号，可用"工具盒"下面的"开始点"重新调整编号顺序，如图 2-3-8 所示。

3. 尺码点

功能：用于显示或隐藏标尺。

操作说明：单击"尺码点"，则标尺显示出来，否则便隐藏。

4. 显示参考线

功能：用于显示或隐藏参考线。

操作说明：单击"显示参考线"，则参考线显示出来，否则便隐藏。

注：参考线不能用 Ctrl+C/V 来复制黏贴。"Shift+ 单击参考线"是将参考线改为垂直方向。"Ctrl+ Shift+ 单击参考线"是复制一条参考线，并且按需求设定弹出对话框，做出需要的参考线。

5. 删除全部参考线

功能：用于删除工作区中的全部参考线。

操作说明：单击"删除全部参考线"，则参考线全部被删除，并且无法再显示。

第三章 PDS打板实例操作

第一节 裙原型打板实例

一、裙原型规格尺寸表

单位：cm

部位	腰围	臀围	裙长
尺寸	66	90	55

二、款式图

如图 3-1-1 所示。

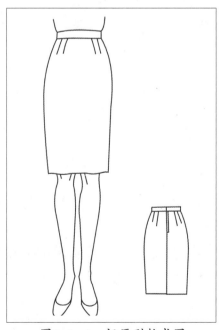

图3-1-1 裙原型款式图

三、作图步骤

（1）点击 ▢ 工具或在工作区空白处点击右键，在下拉菜单中选择"建立纸样"，选择"建立矩形纸样"，新建一个矩形纸样。弹出"开长方形"对话框，输入"后片"、"长度55"和"宽度22.5"，点击确定完成，如图 3-1-2 ~图 3-1-4 所示。

图3-1-2 "建立纸样"工具条   图3-1-3 "建立纸样"对话框

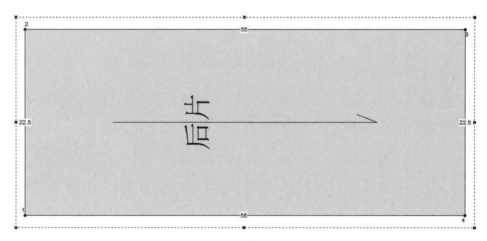

图3-1-4 建立后片纸样

（2）从左侧标尺拉出一条竖直方向的参考线与1、2两点连线对齐，如图 3-1-5 所示，按住 Ctrl 单击此参考线，弹出"参考线性质"对话框，输入"由线距离"17，设置完毕后点击确定，如图 3-1-6 所示，生成一条新的参考线，如图 3-1-7 所示，选择 ⚓ 点在图形上 (O) 工具，如图 3-1-8 所示，在此参考线与纸样相交的位置加入两点，如图 3-1-9 所示。

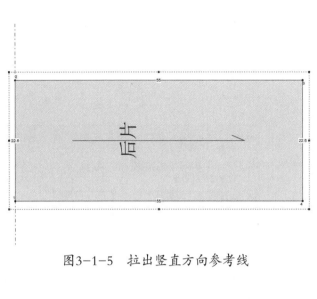

图3-1-5　拉出竖直方向参考线　　　　图3-1-6　设置参考线对话框

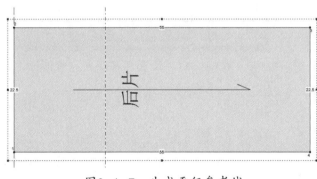

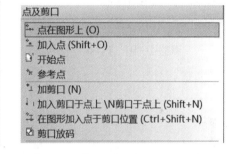

图3-1-7　生成平行参考线　　　　图3-1-8　选择"点在图形上"工具

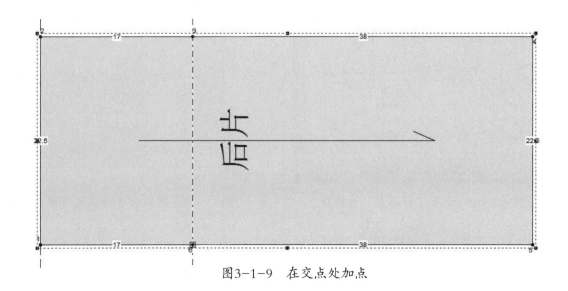

图3-1-9　在交点处加点

（3）选择 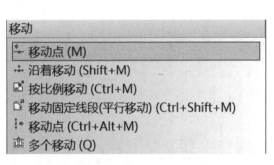 移动点 (M) 工具，如图 3-1-10 所示，分别选择点 2 和点 1，设置弹出对话框，如图 3-1-11、图 3-1-12 所示，水平向右分别为 −0.7cm 和 0.7cm，竖直向上分别为 −2cm 和 0，点击确定后完成，如图 3-1-13 所示。

图3-1-10 选择"移动点"工具

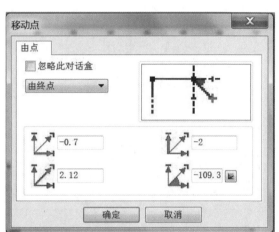

图3-1-11 设置"移动点"对话框 1

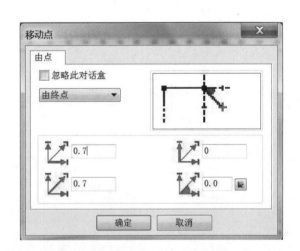

图3-1-12 设置"移动点"对话框2

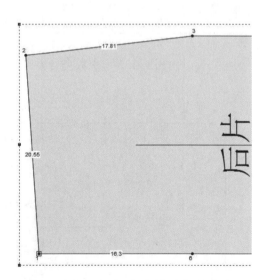

图3-1-13 完成后片侧腰点的移动

（4）选择 Shift+ 移动点 (M) 工具，将点 1、点 2 和点 2、点 3 之间的直线变曲线，如图 3-1-14 所示。

（5）选择 死褶 (Ctrl+Alt+D)，如图 3-1-15 所示，点击点 1 和点 2 之间的线上一点，设置弹出的"点特性"对话框，在"之前点"输入 7，点击确定，如图 3-1-16 所示；点 1 和点 2 之间的线上出现一点，在该点的顺时针方向再选一点，设置弹出"点特性"对话框，在"之前点"输入 2.5，点击确定，如图 3-1-17 所示，纸样上出现省道，拖动省尖到合适的位置点击左键，设置左侧"特性"中省道的深度 11cm，如图 3-1-18 所示，即完成省道的制作，如图 3-1-19 所示。

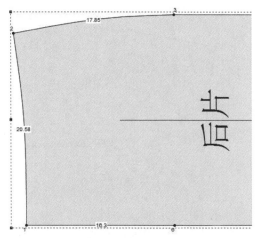

图3-1-14　调整后片腰线和侧缝线成曲线

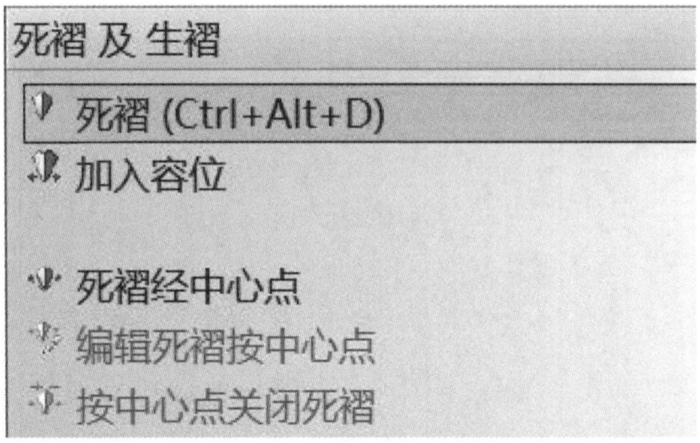

图3-1-15　选择"死褶"工具

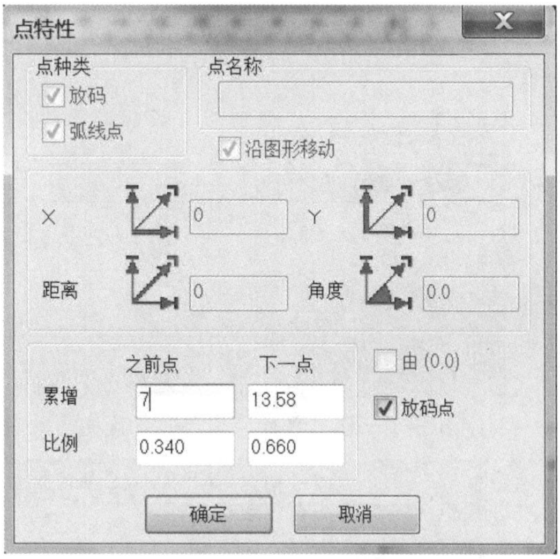

图3-1-16　选择"死褶"位置

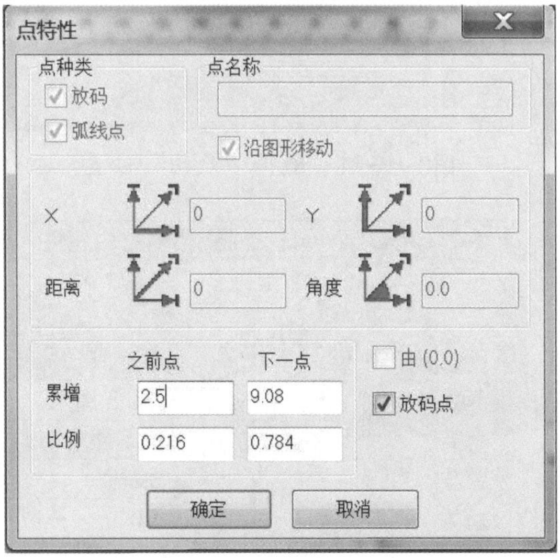

图3-1-17　确定"死褶"大小

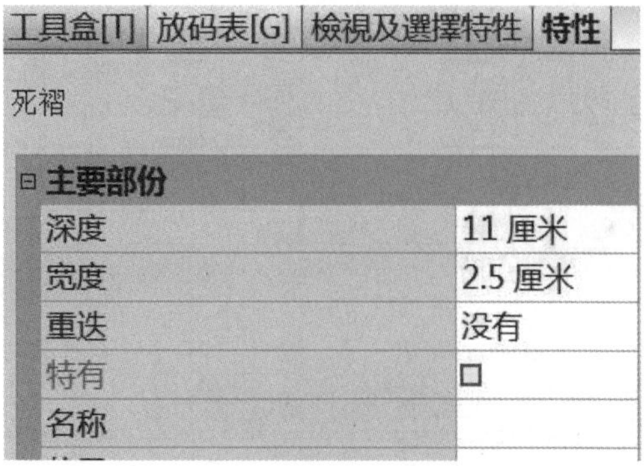

图3-1-18　在"特性"中设置死褶参数

97

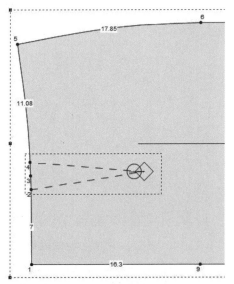

图3-1-19 后片腰省1完成

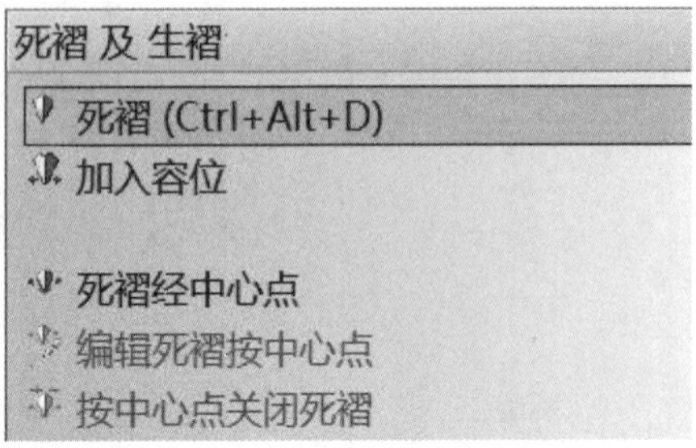

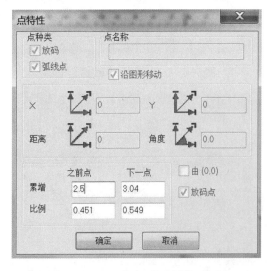

图3-1-20 选择"死褶"工具

图3-1-22 确定"死褶"大小

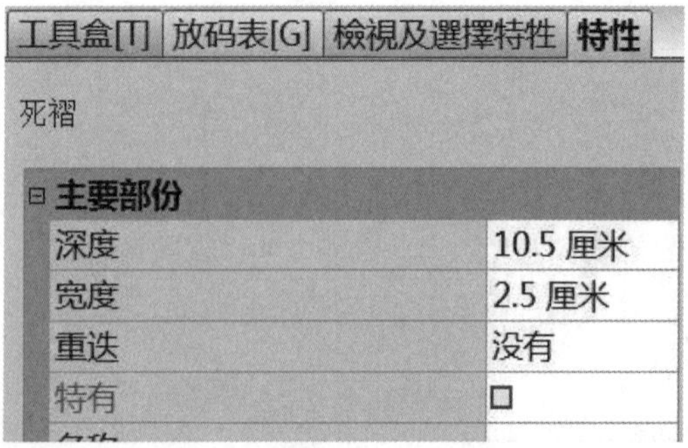

（6）选择  死褶 (Ctrl+Alt+D) 工具，如图 3-1-20 所示，点击点 4、点 5 之间线上一点，设置弹出"点特性"对话框，在"之前点"输入比例 0.5，确定后出现新点，如图 3-1-21 所示，在该点顺时针方向再次点击线上一点，设置弹出"点特性"对话框，在"之前点"输入 2.5，如图 3-1-22 所示，确定后关闭，拖动省尖到合适的位置，设置左侧"特性"里的省道的深度 10.5cm，如图 3-1-23 所示。完成后片第二个省道，如图 3-1-24 所示。

图3-1-21 选择"死褶"位置

图3-1-23 在"特性"中设置死褶参数

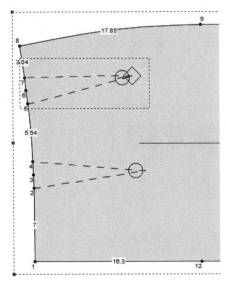

图3-1-24　后片腰省2完成

7. 选择 缝份 (S) 工具，如图 3-1-25 所示，顺时针选择点 1、点 10，设置弹出"缝份特性"对话框，输入"缝份宽度"为 1cm，如图 3-1-26 所示，点击确定完成，同样，顺时针选择点 10、点 11，设置弹出"缝份特性"对话框，输入"缝份宽度"为 3cm，如图 3-1-27、图 3-1-28 所示，点击确定完成缝份的操作，如图 3-1-29 所示。

图3-1-25　选择"缝份"工具

图3-1-26　设置侧缝"缝份特性"

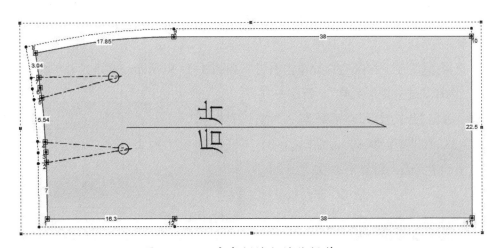

图3-1-27　完成侧缝加缝份操作

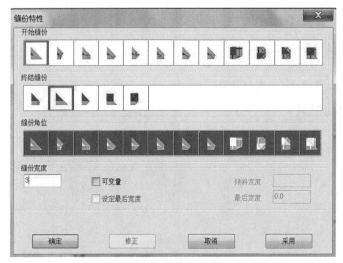

图3-1-28 设置下摆"缝份特性"

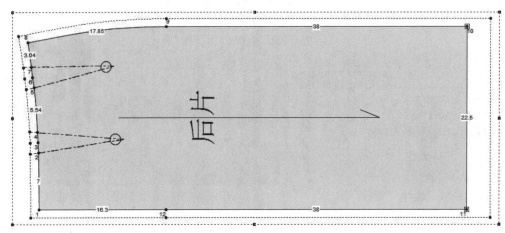

图3-1-29 完成后片加缝份操作

（8）选择  或在工作区空白处单击右键，如图 3-1-30 所示，在下拉菜单中选择"建立纸样"，选择"建立矩形纸样"，新建一个矩形纸样。弹出"开长方形"对话框，输入"前片"、"长度 55"和"宽度 24.5"，如图 3-1-31 所示，点击确定完成，如图 3-1-32 所示。

图3-1-30 "建立纸样"工具条　　　　图3-1-31 "建立纸样"对话框

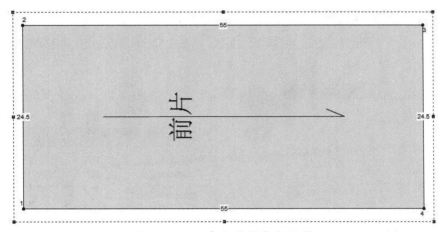

图3-1-32　建立前片基本纸样

（9）从左侧标尺拉出一条竖直方向的参考线与1、2两点连线对齐，如图3-1-33所示，按住Ctrl单击此参考线，弹出"参考线性质"对话框，如图3-1-34所示，输入"由线距离"17，设置完毕后点击确定，生成一条新的参考线，如图3-1-35所示，选择 点在图形上(O) 工具，如图3-1-36所示，在此参考线与纸样相交的位置加入两点，如图3-1-37所示。

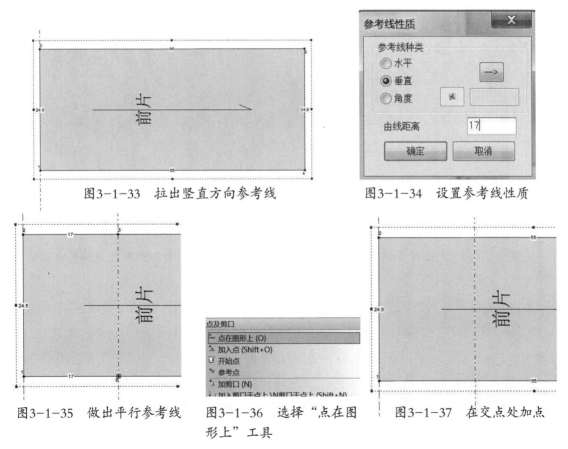

图3-1-33　拉出竖直方向参考线　　　　　图3-1-34　设置参考线性质

图3-1-35　做出平行参考线　　图3-1-36　选择"点在图　　图3-1-37　在交点处加点
　　　　　　　　　　　　　　　　形上"工具

（10）选择 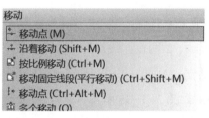 工具，如图 3-1-38 所示，单击点 1，设置弹出对话框，输入"水平向右"为 -0.7，"竖直向上"为 2，点击确定，如图 3-1-39 所示，完成点 1 的移动，如图 3-1-40 所示。

（11）选择 Shift+ 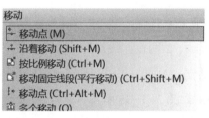 工具，将点 1、点 2 和点 1、点 6 之间的直线变曲线，如图 3-1-41 所示。

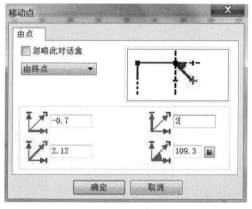

图3-1-39　设置移动点参数

图3-1-38　选择"移动点"工具

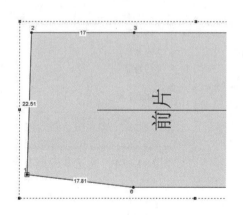

图3-1-40　完成前片侧腰点的移动

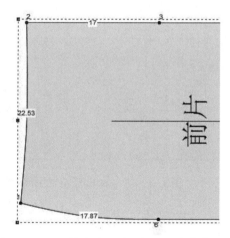

图3-1-41　将前片腰线及侧缝调整成曲线

（12）选择 死褶 (Ctrl+Alt+D) 工具，如图 3-1-42 所示，单击点 1、点 2 之间线上的一点，设置弹出"点特性"对话框，在"下一点"输入数值 8，如图 3-1-43 所示，点击确定，在点 1 和点 2 之间的线上出现一点，选择该点逆时针方向上一点，设置弹出"点特性"对话框，在"下一点"输入数值 1.75，如图 3-1-44 所示，点击确定，鼠标拖动省尖到合适位置后单击，设置左侧"特性"中省道的深度 8.5cm，如图 3-1-45 所示，完成前片第一个省道，如图 3-1-46 所示。

图3-1-43　选择死褶位置

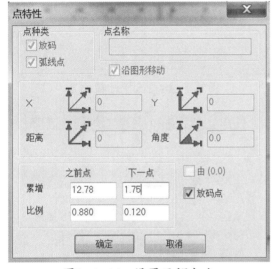

图3-1-42　选择"死褶"工具

图3-1-45　设置死褶特性

图3-1-44　设置死褶大小

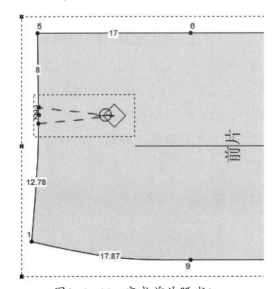

图3-1-46　完成前片腰省1

（13）选择 死褶 (Ctrl+Alt+D) 工具，如图 3-1-47 所示，在点 2 和点 1 之间的线上选择一点，设置弹出"点特性"对话框，在"下一点"输入比例 0.5，如图 3-1-48 所示，点击确定，在点 1 和点 2 之间的线上出现一点，选择该点逆时针方向上一点，设置弹出"点特性"对话框，在"下一点"输入数值 2.25，如图 3-1-49 所示，点击确定，鼠标拖动省尖到合适位置后单击，设置左侧"特性"中省深为 9cm，如图 3-1-50 所示，完成前片第二个省道，如图 3-1-51 所示。

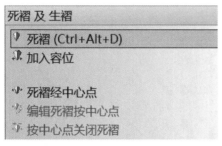

图3-1-47 选择"死褶"工具

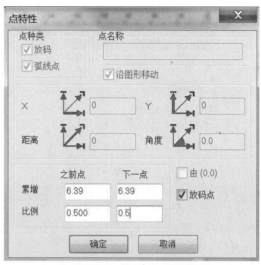

图3-1-48 选择死褶位置

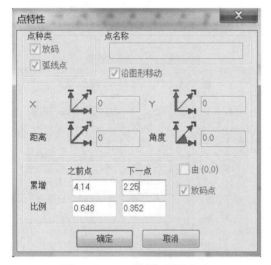

图3-1-49 设置死褶大小

图3-1-50 设置死褶特性

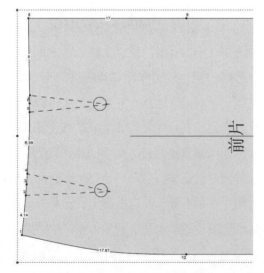

图3-1-51 完成前片腰省2

（14）选择 设定对称线 (Ctrl+Alt+H) 工具，如图3-1-52所示，顺时针选择前片的前中心点8、点10，前片则沿着前中线对折打开，如图3-1-53所示，将"特性"中"对折打开"选项取消，如图3-1-54所示，则对折线消失，如图3-1-55所示。

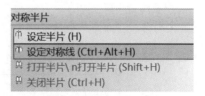

图3-1-52 选择"设定对称线"工具

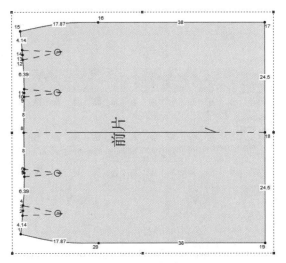

图3-1-53　完成前片的对称

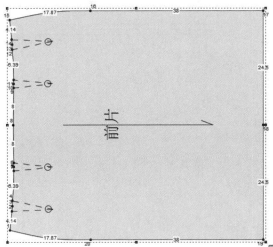

图3-1-55　前片对称线取消

图3-1-54　取消"对折打开"选项

（15）选择 缝份(S) 工具，如图3-1-56所示，顺时针选择点19、点17，设置弹出"缝份特性"对话框，输入"缝份宽度"为1，如图3-1-57所示，点击确定完成，如图3-1-58所示，同样，顺时针选择点17、点19，设置弹出"缝份特性"对话框，输入"缝份宽度"为3，如图3-1-59所示，点击确定完成缝份的操作，如图3-1-60所示。

图3-1-56　选择"缝份"工具

图3-1-57　设置侧缝缝份特性

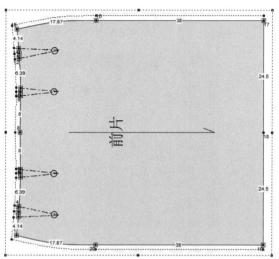

图3-1-58 完成前片侧缝缝份操作

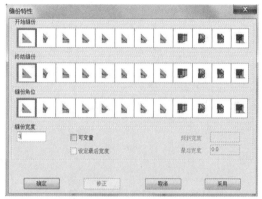

图3-1-59 设置下摆缝份特性

（16）选择 ▢ 或在工作区空白处点击右键，如图 3-1-61 所示，在下拉菜单中选择"建立纸样"，选择"建立矩形纸样"，新建一个矩形纸样。弹出"开长方形"对话框，输入"腰头"、"长度69"和"宽度3"，如图 3-1-62 所示，点击确定完成，如图 3-1-63 所示。选择 ◇ 建立基本缝份于同一纸样 工具，如图3-1-64 所示，设置弹出"设定基本缝份线"对话框，输入"缝份宽度"为1，如图 3-1-65 所示，点击确定完成对腰头添加缝份的操作，如图 3-1-66 所示。

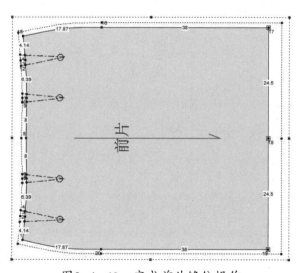

图3-1-60 完成前片缝份操作

图3-1-61 "建立纸样"工具条

图3-1-62 设置"建立纸样"对话框

图3-1-63　建立腰头基本纸样

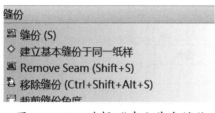

图3-1-64　选择"建立基本缝份于同一纸样"工具

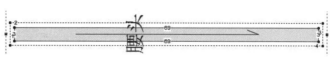

图3-1-66　完成腰头纸样加缝份操作

（17）女裙原型的打板完成图，如图3-1-67所示。

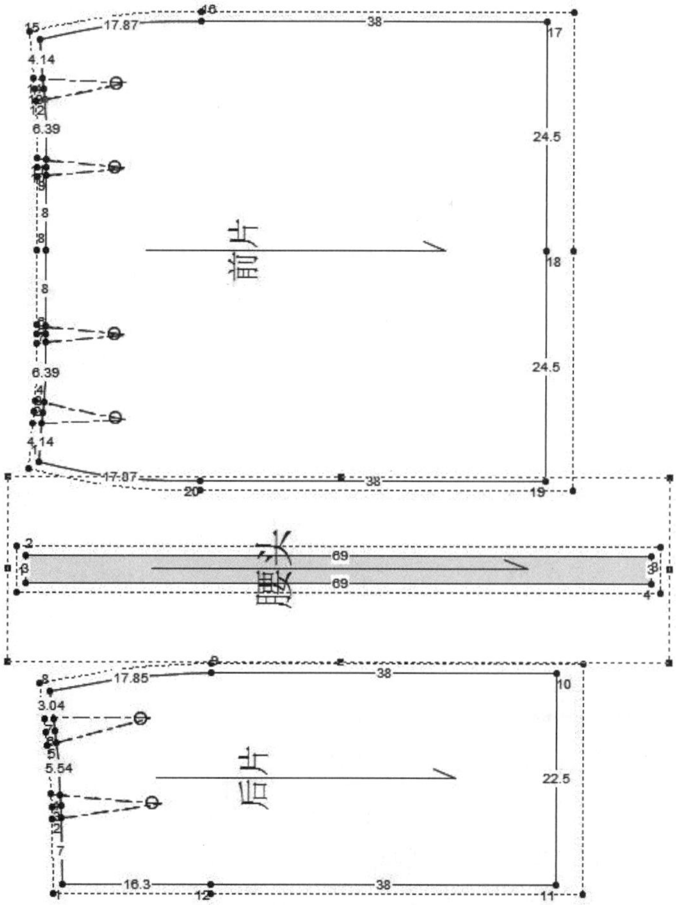

图3-1-65　设置缝份宽度

图3-1-67　女裙原型打板完成图

第二节 八片裙打板实例

一、八片裙规格尺寸表

单位：cm

部位	腰围	臀围	裙长
尺寸	66	90	80

二、款式图

如图 3-2-1 所示。

图3-2-1 八片裙款式图

三、作图步骤

（1）点击 □ 工具或在工作区空白处点击右键，如图 3-2-2 所示，在下拉菜单中选择"建立纸样"，选择"建立矩形纸样"，新建一个矩形纸样。弹出"开长方形"对话框，输入"八分之一片"、"长度80"和"宽度6"，如图 3-2-3 所示，点击确定完成，如图 3-2-4 所示。

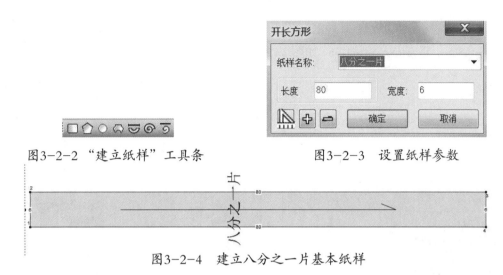

图3-2-2　"建立纸样"工具条　　　　图3-2-3　设置纸样参数

图3-2-4　建立八分之一片基本纸样

（2）从左侧标尺拉出一条竖直方向的参考线与1、2两点连线对齐，如图3-2-5所示，按住 Ctrl 单击此参考线，弹出"参考线性质"对话框，如图3-2-6所示，输入"由线距离17"，设置完毕后点击确定，生成一条新的参考线，如图3-2-7所示，选择 **点在图形上 (O)** 工具，如图3-2-8所示，在此参考线与纸样相交的位置加入两点，如图3-2-9所示。

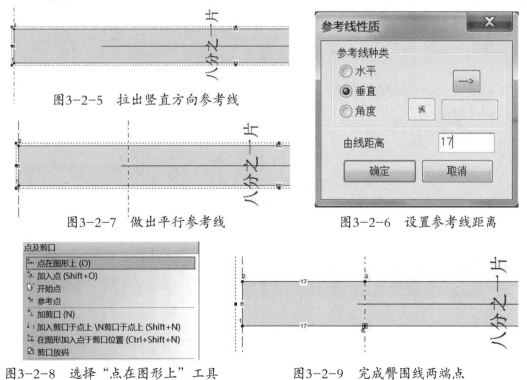

图3-2-5　拉出竖直方向参考线

图3-2-7　做出平行参考线　　　　图3-2-6　设置参考线距离

图3-2-8　选择"点在图形上"工具　　　图3-2-9　完成臀围线两端点

（3）选择 移动点 (M) 工具，如图 3-2-10 所示，选择点 2，设置弹出对话框，水平向右为 −0.5cm，竖直向上为 −1.75，如图 3-2-11 所示，点击确定后完成，如图 3-2-12 所示。

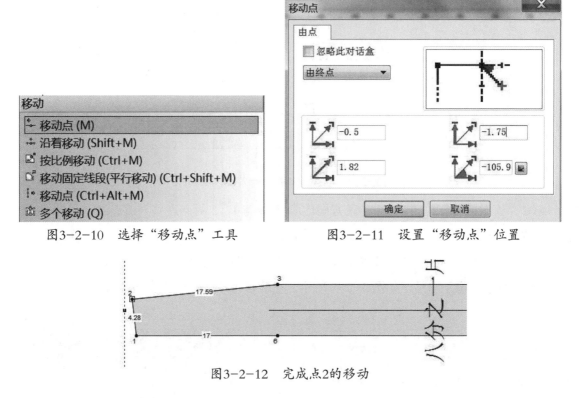

图3-2-10 选择"移动点"工具　　　　　图3-2-11 设置"移动点"位置

图3-2-12 完成点2的移动

（4）选择 Shift+ 移动点 (M) 工具，将点 1、点 2 和点 2、点 3 之间的直线变曲线，如图 3-2-13 所示。

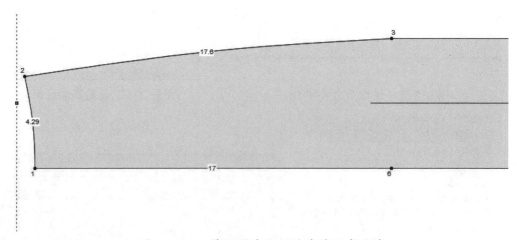

图3-2-13 将腰围线和侧缝线修顺成曲线

（5）选择 ✛ **移动点 (M)** 工具，如图 3-2-14 所示，选择点 4，设置弹出对话框，水平向右为 -0.5cm，竖直向上为 4，如图 3-2-15 所示，点击确定后完成，如图 3-2-16 所示。

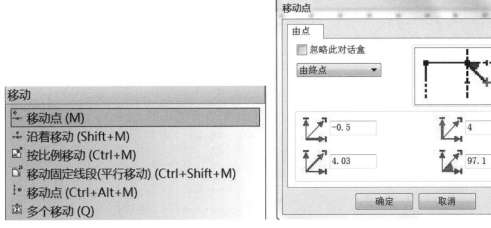

图3-2-14　选择"移动点"工具　　　　图3-2-15　设置"移动点"位置

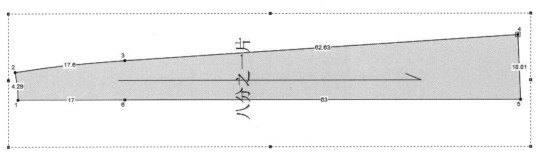

图3-2-16　完成点4的移动

（6）选择 Shift+ ✛ **移动点 (M)** 工具，将点 3、点 4 和点 4、点 5 之间的直线变曲线，如图 3-2-17 所示。

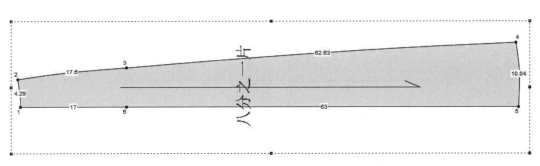

图3-2-17　将侧缝线和下摆修顺成曲线

对称半片
- ⬆ 设定半片 (H)
- ⬆ 设定对称线 (Ctrl+Alt+H)
- ⬆ 打开半片\ n打开半片 (Shift+H)
- ⬆ 关闭半片 (Ctrl+H)

图3-2-18　选择"设定对称线工具"

（7）选择 ⬆ 设定对称线 (Ctrl+Alt+H) 工具，如图 3-2-18 所示，顺时针选择点 5 和点 1，纸样对称复制，如图 3-2-19 所示，选择该纸样，点击"特性"工具栏，将"对折打开"取消选择，如图 3-2-20 所示，则纸样中心的对称线消失，如图 3-2-21 所示。

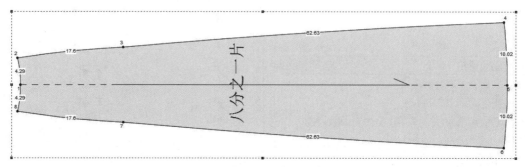

图3-2-19　纸样对称复制

工具盒[T]	放码表[G]	检视及选择特性	特性
纸样			

主要部份	
保护	☐
名称	八分之一片
款式名称	
数量	1
一对	☐
代码	
布料	
品质	
说明	
工具/层数	
说明文字	
半片	☐
对折打开	☐
习性	

图3-2-20　设置纸样特性

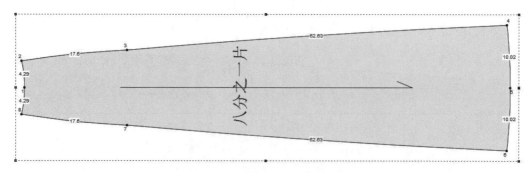

图3-2-21　纸样对称线取消

（8）选中"八分之一片"，先后按住 Ctrl+C 和 Ctrl+V 键，进行复制黏贴，产生一个新的大小相同的纸样"@八分之一片"，如图 3-2-22 所示，选中此衣片，修改其特性，如"名称"等，如图 3-2-23、图 3-2-24 所示。

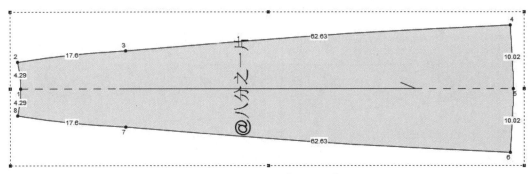

图3-2-22 复制纸样

工具盒[T] 放码表[G] 检视及选择特性 特性

纸样	
主要部份	
保护	□
名称	后中片
款式名称	
数量	1
一对	☑
代码	
布料	
品质	
说明	
工具/层数	

图3-2-23 修改纸样特性

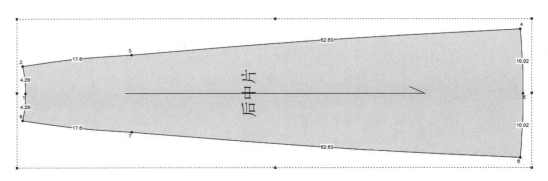

图3-2-24 完成后中片

（9）将点 1、点 3、点 7 选中并删除，如图 3-2-25 所示，选择 ✛ **移动点 (M)** 工具，如图 3-2-26 所示，选择点 5，设置弹出对话框，水平向右 1cm，竖直向上 -0.5cm，如图 3-2-27 所示，点击确定完成后腰中心的调整，如图 3-2-28 所示。

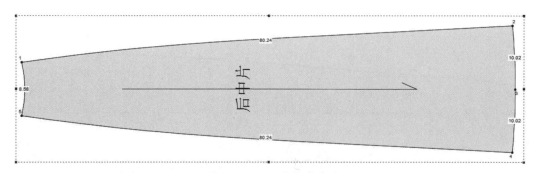

图3-2-25　删除多余点

图3-2-26　选择"移动点"工具

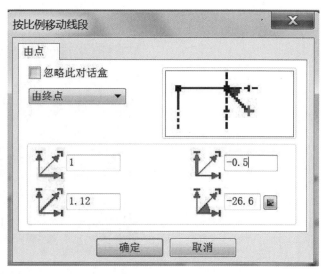

图3-2-27　设置"移动点"距离

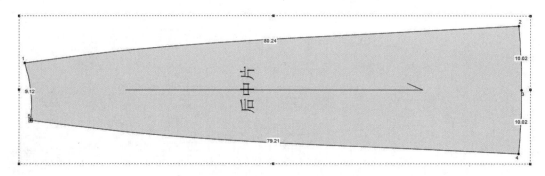

图3-2-28　完成点5的移动

（10）同样复制一个"八分之一片"，修改其特性，如图3-2-29、图3-2-30所示。选择  移动点(M) 工具，如图3-2-31所示，选择点1，设置弹出对话框，水平向右 -0.7cm，竖直向上 -0.5cm，如图3-2-32所示，点击确定完成后侧片的调整，如图3-2-33所示。

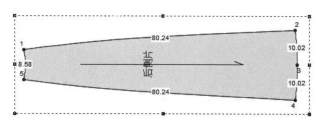

图3-2-29　复制裙片

图3-2-30　修改裙片名称

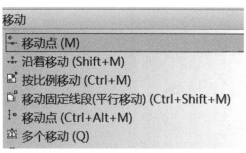

图3-2-31　选择"移动点"工具

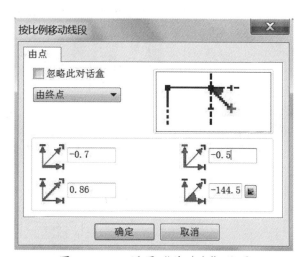

图3-2-32　设置"移动点"位置

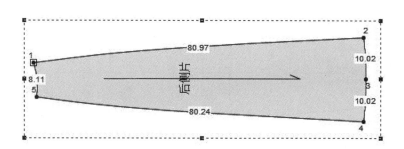

图3-2-33　后侧片完成

（11）同样复制一个"八分之一片"，修改其特性，如图3-2-34所示。选择 ✛ **移动点 (M)** 工具，如图3-2-35所示，选择点5，设置弹出对话框，水平向右 -0.7cm，竖直向上 0.5cm，如图3-2-36所示，点击确定完成前侧片的调整，如图3-2-37所示。

图3-2-34 修改复制裙片名称

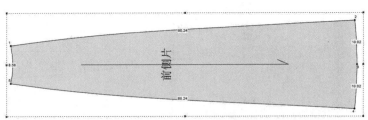

图3-2-35 复制出前侧片

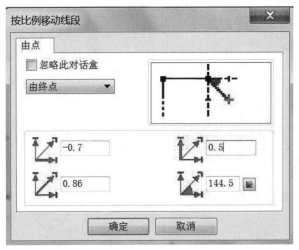

图3-2-36 设置移动点距离

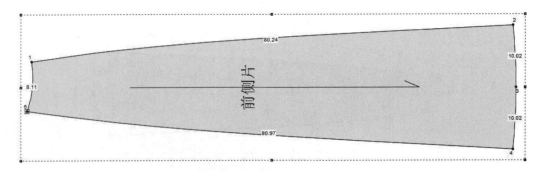

图3-2-37 前侧片完成

（12）同样复制一个"八分之一片"，修改其特性，如图 3-2-38 所示。选择  **移动点 (M)** 工具，如图 3-2-39 所示，选择点 5，设置弹出对话框，竖直向上 0.5cm，如图 3-2-40 所示，点击确定完成前中片的调整，如图 3-2-41 所示。

图3-2-38　修改前中片名称

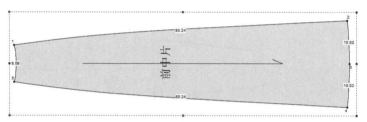

图3-2-39　复制出前中片

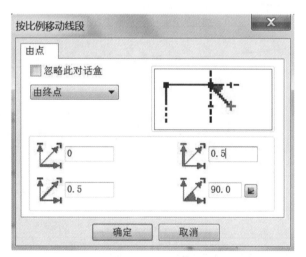

图3-2-40　设置移动点距离

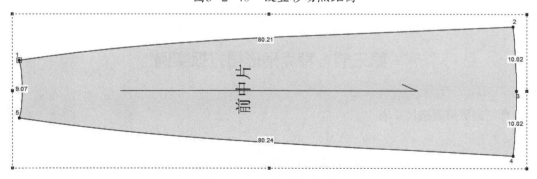

图3-2-41　前中片完成

（13）八片裙的打板完成图，如图 3-2-42 所示。

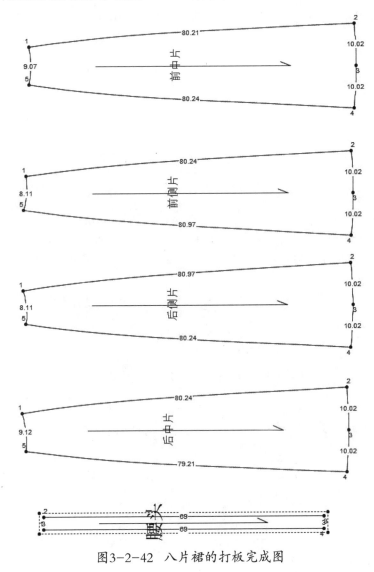

图3-2-42　八片裙的打板完成图

第三节　育克扇形裙打板实例

一、育克扇形裙规格尺寸表

单位：cm

部位	腰围	裙长
尺寸	66	50

二、款式图

如图 3-3-1 所示。

图3-3-1 育克扇形裙款式图

三、作图步骤

（1）点击□工具或在工作区空白处点击右键，在下拉菜单中选择"建立纸样"，选择"建立矩形纸样"，新建一个矩形纸样。弹出"开长方形"对话框，输入"前片腰育克"、"长度15"和"宽度33"，如图 3-3-2 所示，点击确定完成，如图 3-3-3 所示。

图3-3-2 设置纸样参数

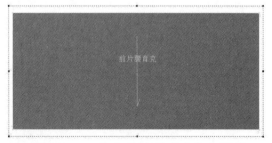

图3-3-3 做出前片腰育克基本纸样

（2）选择"死褶及生褶"工具盒下面的 加入容位 工具，选择点 1 和点 2 之间的任意一点点击，设置弹出对话框，距离之前点 3cm，如图 3-3-4 所示，再选择点 4 和点 5 之间的任意一点，设置弹出对话框，距离之后点 3cm，如图 3-3-5 所示，点击确定后，弹出"开启容位选项"对话框，设置第二点数量为 3cm，数量 10，距离 3cm，如图 3-3-6 所示，同时该纸样上出现绿色的容位点，如图 3-3-7 所示，点击确定，则前片腰育克纸样完成，如图 3-3-8 所示。

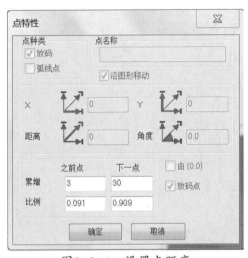

图3-3-4　设置点距离

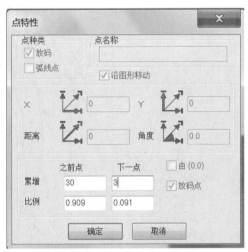

图3-3-5　设置点特性

图3-3-7　纸样上容位点出现

图3-3-6　设置容位选项

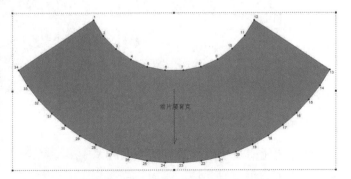

图3-3-8　完成前片腰育克纸样

（3）点击 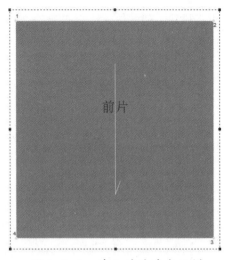 工具或在工作区空白处点击右键，在下拉菜单中选择"建立纸样"，选择"建立矩形纸样"，新建一个矩形纸样。弹出"开长方形"对话框，输入"前片"、"长度35"和"宽度33"，点击确定完成，如图3-3-9所示。

（4）选择"死褶及生褶"工具盒下面的" 改变纸样为扇形 "工具。先顺时针选择前片腰育克的下面两点即点13和点34，如图3-3-10所示，再顺时针选择前片上面两点即点1和点2，如图3-3-11所示，最后顺时针选择前片下面两点即点3和点4，如图3-3-12所示，弹出"修改纸样为扇形图"对话框，选中"移除扇形图点"，如图3-3-13所示，

图3-3-9　建立前片基本纸样

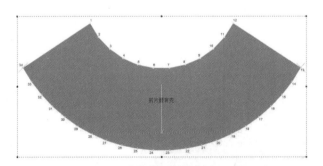

图3-3-10　选择前片腰育克下面两点

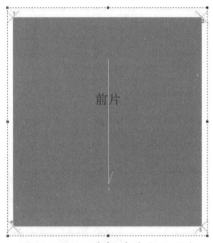

图3-3-11　选择前片上面两点

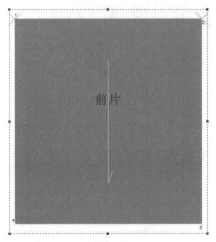

图3-3-12　选择前片下面两点

图3-3-13　勾选"移除扇形图点"

点击确定，则前片完成，如图 3-3-14 所示，分别为前片腰育克和前片加缝份，如图 3-3-15 所示。

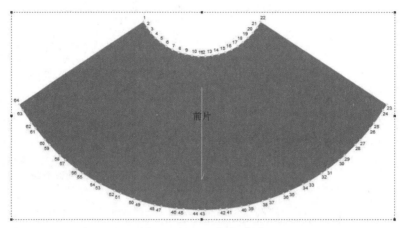

图3-3-14　完成前片

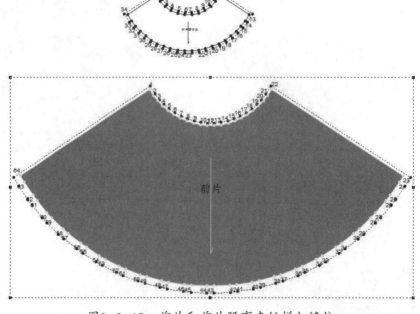

图3-3-15　前片和前片腰育克纸样加缝份

（5）点击 ▣ 工具或在工作区空白处点击右键，在下拉菜单中选择"建立纸样"，选择"建立矩形纸样"，新建一个矩形纸样。弹出"开长方形"对话框，输入"后片腰育克"、"长度15"和"宽度33"，如图 3-3-16 所示，点击确定完成，如图 3-3-17 所示。

图3-3-16　设置后片腰育克纸样参数

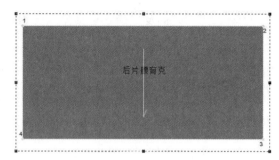

图3-3-17　建立后片腰育克基本纸样

（6）选择 ✛ **点在图形上 (O)**，在点 1 和点 2 之间点击，设置弹出对话框，距离之前点比例为 0.5，如图 3-3-18 所示，再选择 ✛ **移动点 (M)**，点击新加入的点，拖动到合适的位置再次单击，设置弹出对话框，竖直向下移动 1，如图 3-3-19 所示，点击确定后，利用 Shift+ ✛ **移动点 (M)**，分别调整点 1 和点 2、点 2 和点 3 之间的线段，使其变成曲线，如图 3-3-20 所示。

图3-3-18　设置移动点参数

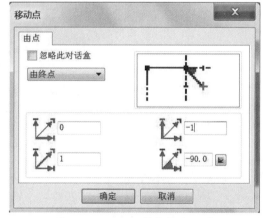

图3-3-19　设置移动点距离

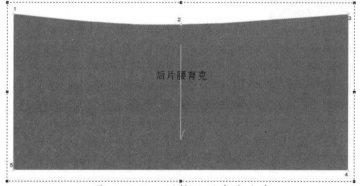

图3-3-20　调整后腰线为曲线

（7）选择"死褶及生褶"工具盒下面的" 加入容位 "工具，选择点 1 和点 2 之间的任意一点点击，设置弹出对话框，距离之前点 3，再选择点 5 和点 6 之间的任意一点，设置弹出对话框，距离之后点 3cm，点击确定后，弹出"开启容位选项"对话框，设置第二点数量为 3cm，数量 10，距离 3cm，同时该纸样上出现绿色的容位点，点击确定，则后片腰育克纸样完成，如图 3-3-21 所示。

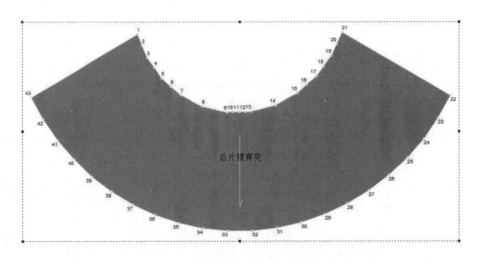

图3-3-21　利用容位工具完成后片腰育克纸样

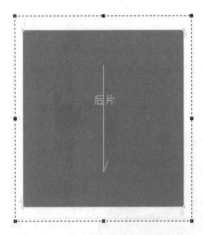

图3-3-22　建立后片基本纸样

（8）点击 ▢ 工具或在工作区空白处点击右键，在下拉菜单中选择"建立纸样"，选择"建立矩形纸样"，新建一个矩形纸样。弹出"开长方形"对话框，输入"后片"、"长度 35"和"宽度 33"，点击确定完成，如图 3-3-22 所示。

（9）选择"死褶及生褶"工具盒下面的" 改变纸样为扇形 "工具。先顺时针选择后片腰育克的下面两点即点 22 和点 43，再顺时针选择后片上面两点即点 1 和点 2，最后顺时针选择后片下面两点即点 3 和点 4，弹出"修改纸样为扇形图"对话框，选中"移除扇形图点"，点击确定，则后片完成，如图 3-3-23 所示，分别为后片腰育克和后片加缝份，如图 3-3-24 所示。

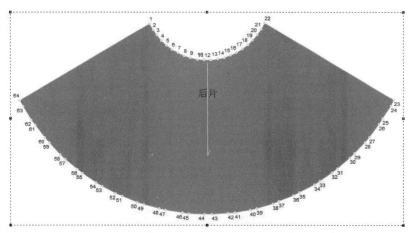

图3-3-23　完成后片纸样

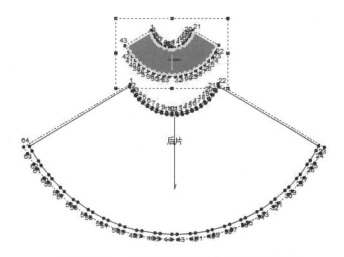

图3-3-24　后片和后片腰育克纸样加缝份

（10）选择 ▢ 或在工作区空白处点击右键，在下拉菜单中选择"建立纸样"，选择"建立矩形纸样"，新建一个矩形纸样。弹出"开长方形"对话框，输入"腰头"、"长度66"和"宽度3"，点击确定完成。选择 ◇ 建立基本缝份于同一纸样 工具，如图 3-3-25 所示，设置弹出"设定基本缝份线"对话框，输入"缝份宽度"为1，如图 3-3-26 所示，点击确定完成对腰头添加缝份的操作，如图 3-3-27 所示。

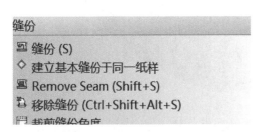

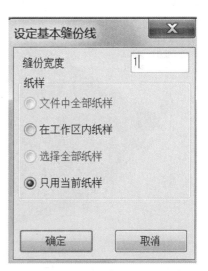

图3-3-25 选择缝份工具　　　　图3-3-26 设置基本缝份线宽度

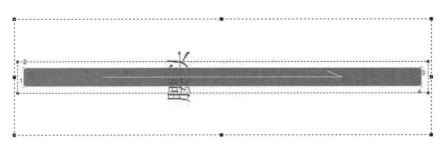

图3-3-27 完成腰头纸样的绘制

（11）育克扇形裙的打板完成图，如图3-3-28所示。

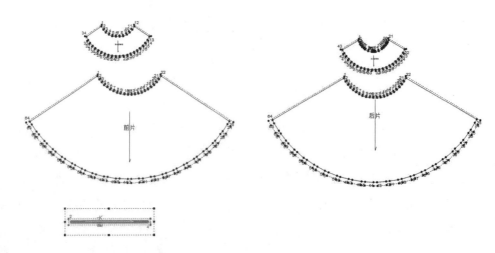

图3-3-28 育克扇形裙的打板完成图

第四节　男衬衫打板实例

一、男衬衫规格尺寸表

单位：cm

部位	胸围	领围	肩宽	衣长	袖长
尺寸	110	40	46	74	60

二、男衬衫款式图

如图 3-4-1 所示。

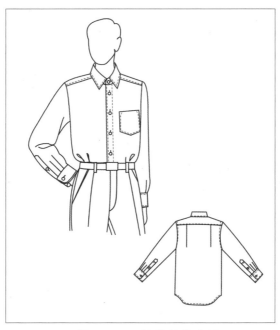

图3-4-1　男衬衫款式图

二、作图步骤

（1）点击 □ 工具或在工作区空白处点击右键,在下拉菜单中选择"建立纸样",选择"建立矩形纸样",新建一个矩形纸样。弹出"开长方形"对话框,输入"后片"、"长度74"和"宽度28.5",如图 3-4-2 所示,点击确定完成,如图 3-4-3 所示。

图3-4-2　设置纸样参数

（2）选择 点在图形上 (O) 工具，在点 1 和点 2 之间加点，如图 3-4-4 所示，距离点 2 为 8cm，如图 3-4-5 所示，利用 移动点 (M) 工具向上移动该点 2.4cm，如图 3-4-6、图 3-4-7 所示，并按住 Shift+ 移动点 (M)，修顺后领口弧线，如图 3-4-8 所示。

图3-4-3　建立男衬衫后片基本纸样

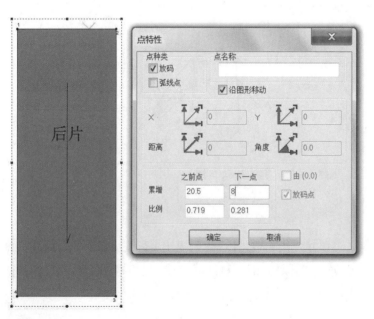

图3-4-4　加点设置

图3-4-5　完成加点操作

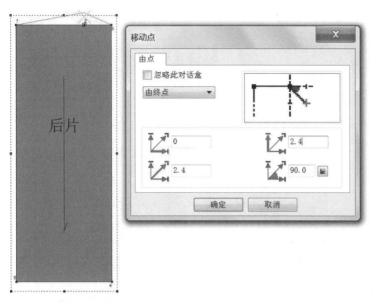

图3-4-6 移动点2

图3-4-7 完成点2的移动

图3-4-8 修顺后领口

（3）利用 移动点 (M) 工具，将点1向上移动2.4cm，如图 3-4-9 所示，使点1和点2在同一水平线上，如图 3-4-10 所示，利用 旋转线段 工具，以点2为中心，如图 3-4-11 所示，逆时针旋转点1和点2连线18°，如图 3-4-12 所示。在左侧标尺处拉出一条竖直方向的参考线与点3和点4的连线对齐，按住 Ctrl 键点击该参考线，做出一条距离该参考线肩宽/2的新的竖向参考线，如图 3-4-13、图 3-4-14 所示。从上测标尺拉出一条水平方向的参考线与点1对齐。利用 移动点 (M) 工具，移动点1到两条参考线的交点处，如图 3-4-15 所示。

（4）从上侧拉出一条水平方向的参考线与点3对齐，按住 Ctrl 键点击该参考线，输入由线距离 -27.5cm，如图 3-4-16 所示，生成一条新的水平参考线与衣片相交，利用 草图 (D) 工具沿参考线画出胸围线，如图 3-4-17 所示，并将点7移动到和点6在同一竖直线上，如图 3-4-18 所示。修顺后片袖窿线，如图 3-4-19 所示。

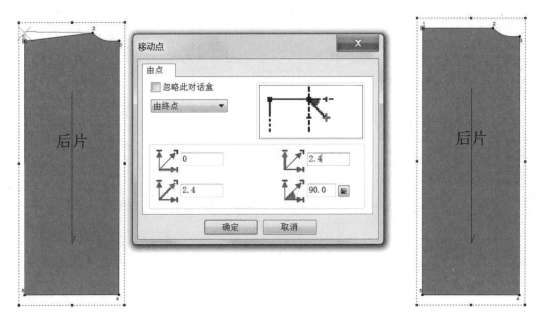

图3-4-9　移动点1　　　　　　　　　　　图3-4-10　点1和点2连线为水平线

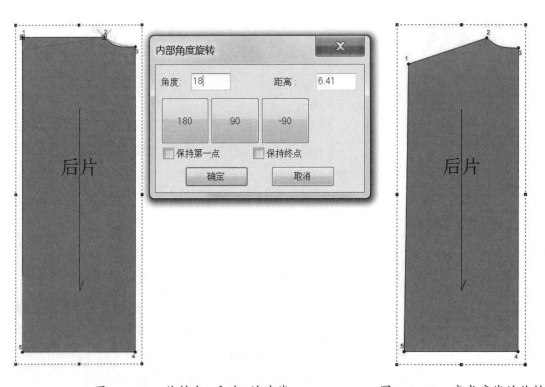

图3-4-11　旋转点1和点2的连线　　　　　　图3-4-12　完成肩线的旋转

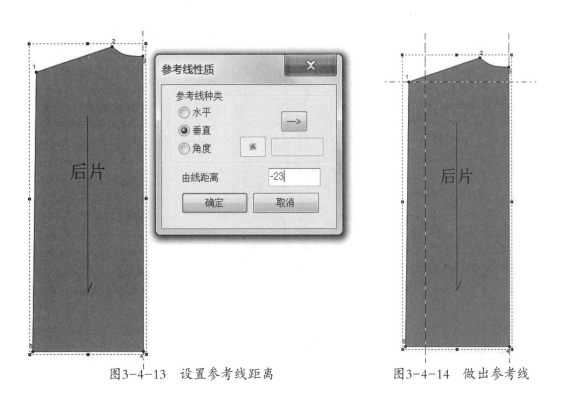

图3-4-13　设置参考线距离　　　　　图3-4-14　做出参考线

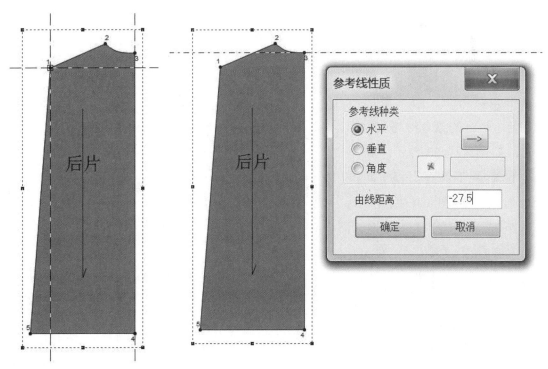

图3-4-15　移动后片肩点　　　　　图3-4-16　拉出水平参考线

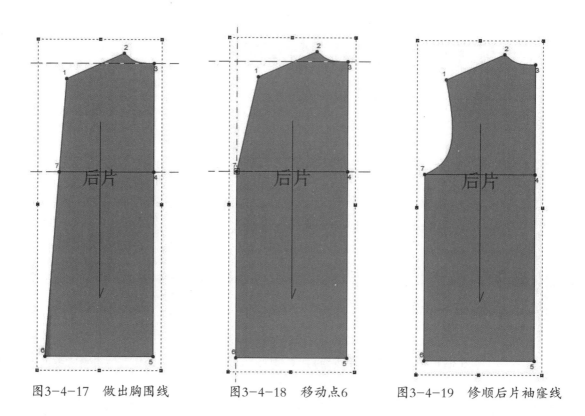

图3-4-17 做出胸围线　　图3-4-18 移动点6　　图3-4-19 修顺后片袖窿线

（5）从上侧拉出一条参考线与点3对齐，按住 Ctrl 键点击该参考线，向下做出一条与之平行的参考线与衣片相交，如图 3-4-20 所示，利用 🖊 草图 (D) 工具画出相交两点的连线，如图 3-4-21 所示。在距离点9向下 1cm 处利用 🖊 草图 (D) 工具画线，此线向上与点9和点4的连线相切，如图 3-4-22、图 3-4-23 所示。利用 🖼 沿内部裁剪 (Ctrl+Shift+C) 工具，将后片沿刚做出的两条内线裁剪，分成后片和后肩育

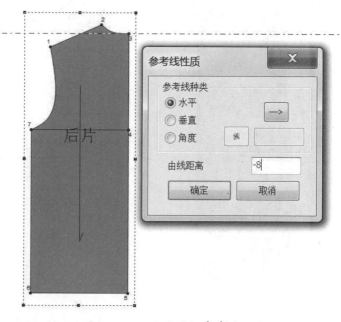

图3-4-20 设置平行参考线距离

克两个样片，如图 3-4-24 所示。利用 多个移动(Q) 工具，将后片后中心向右移动 2cm，做出后片褶的量，如图 3-4-25、图 3-4-26 所示。

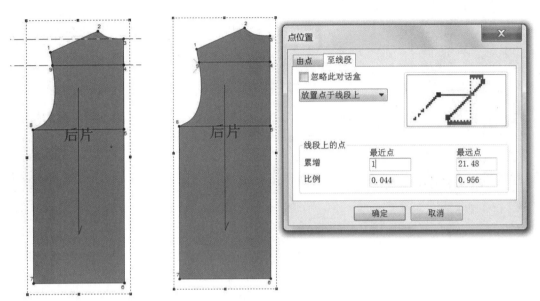

图3-4-21　做出育克线　　　　　　　　　　图3-4-22　设置肩育克省量

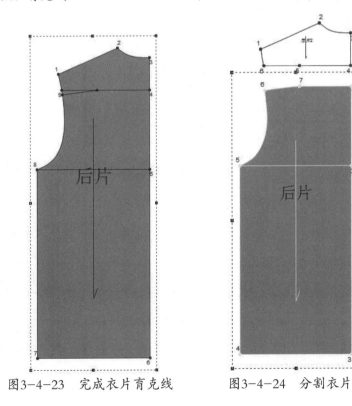

图3-4-23　完成衣片育克线　　　图3-4-24　分割衣片

133

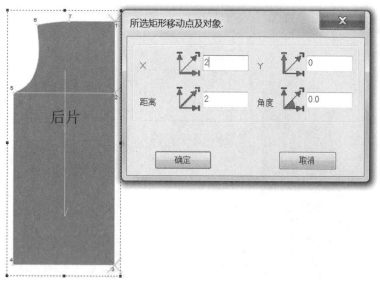

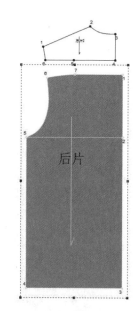

图3-4-25 多个移动操作　　　　　　　　　图3-4-26 完成后片褶量

（6）利用 建立平行 (P) 工具，做胸围线的平行线腰围线，距离 16.5cm，如图 3-4-27、图 3-4-28 所示，并用 点在图形上 (O) 工具，在腰围线与侧缝线交点处加点，如图 3-4-29 所示。选择 多个移动 (Q) 工具，向右移动点 4 和点 5，如图 3-4-30 所示，移动距离为 0.5cm，如图 3-4-31 所示。

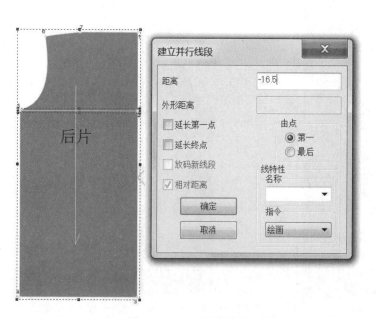

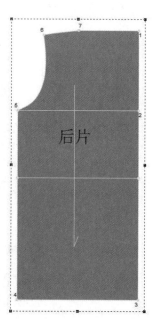

图3-4-27 设置胸腰距离　　　　　　　　　图3-4-28 做出腰围线

图3-4-29　侧腰加点

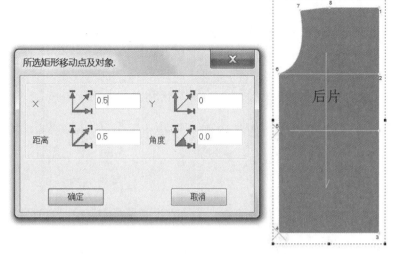

图3-4-30　移动点4和点5

（7）点击 ▢ 工具或在工作区空白处点击右键，在下拉菜单中选择"建立纸样"，选择"建立矩形纸样"，新建一个矩形纸样，如图3-4-32所示。弹出"开长方形"对话框，输入"前片"、"长度74"和"宽度26.5"，点击确定

图3-4-31　完成后片侧缝线

图3-4-32　设置前片纸样参数

完成，如图3-4-33所示。从上侧拉出一条水平参考线与点3对齐，按住Ctrl键点击该参考线，设置对话框，做出距离该线27.5cm的参考线，如图3-4-34所示。利用 ⚒ 草图(D) 工具，参照参考线与衣片的交点，画出胸围线，如图3-4-35所示。

图3-4-33　建立前片基本型

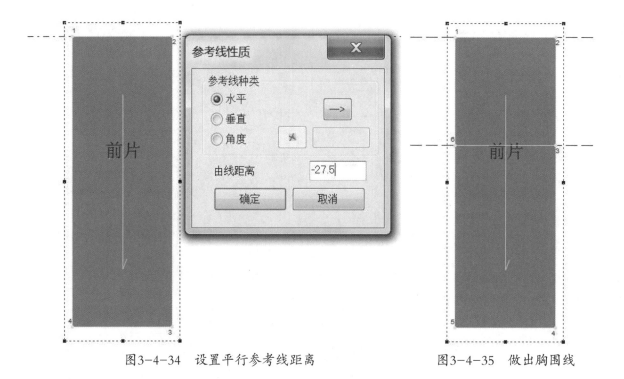

图3-4-34　设置平行参考线距离　　　　　　　　图3-4-35　做出胸围线

（8）利用 点在图形上 (O) 工具，在点 1 的右侧 7.7cm 和下侧 8cm 处分别加入一点，如图 3-4-36 ~ 图 3-4-38 所示，并删掉点 1，如图 3-4-39 所示，按住 Shift+ 移动点 (M) 修顺前领口，如图 3-4-40 所示。

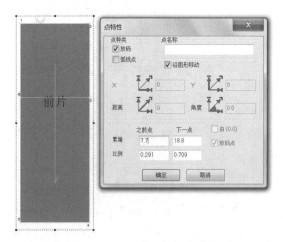

图3-4-36　点1右侧加点

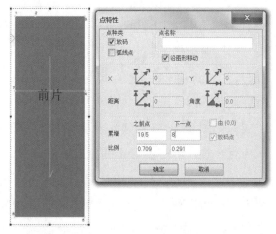

图3-4-37　点1下方加点

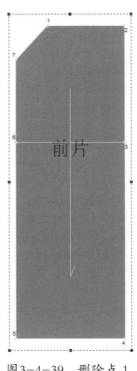

图3-4-38　完成加点操作　　　图3-4-39　删除点 1　　　图3-4-40　修顺前领口

（9）利用 ⊞ **长度 (Ctrl+D)** 工具测量后片小肩宽，再利用 ⚘ **移动点 (M)** 工具使前片小肩宽和后片相等，如图 3-4-41 所示。选择 ⚐ **旋转线段** 工具，以点 1 为中心，顺时针旋转点 1 和点 2 的连线20°，如图 3-4-42、图 3-4-43 所示。按住 Shift+ ⚘ **移动点 (M)** 修顺前片袖窿线，如图 3-4-44 所示。

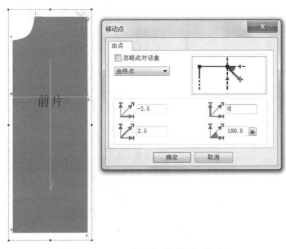

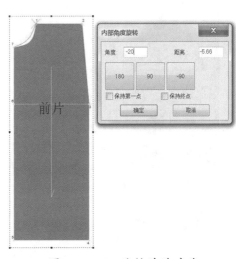

图3-4-41　调整前片小肩宽　　　　　图3-4-42　旋转前片肩线

图3-4-43　完成前片肩线　图3-4-44　修顺前片袖窿弧线

（10）利用 多个移动(Q) 工具,向左移动前中心线1.4cm,如图 3-4-45、图 3-4-46 所示。从左侧标尺拉出一条竖向参考线与前中心线对齐,按住 Ctrl 键点击该参考线,做出距离该参考线2.8cm的平行参考线,如图 3-4-47 所示,利用 草图(D) 工具,连接参考线与衣片的交点,如图 3-4-48 所示。利用 多个移动(Q) 工具,向下移动点 5 和点 6,移动距离为 1cm,如图 3-4-49 所示,并修顺点 5 和点 4 之间的连线,如图 3-4-50 所示。

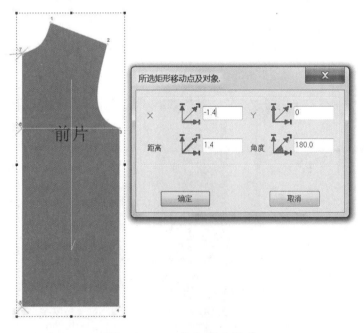

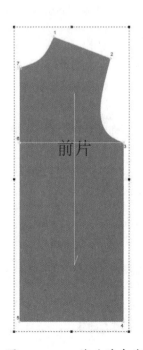

图3-4-45　多个移动操作　　　　　　　　　　图3-4-46　移动前中线

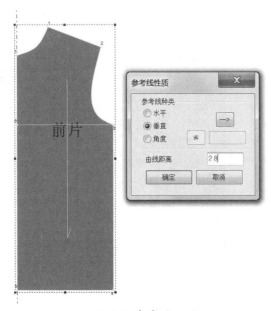

图3-4-47　设置平行参考线距离

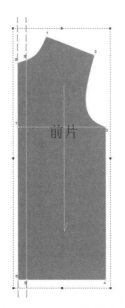

图3-4-48　做出前中心线

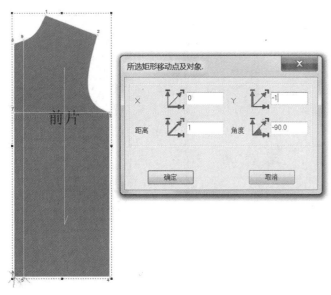

图3-4-49　向下移动前中心线

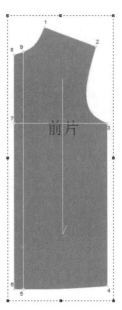

图3-4-50　修顺前片下摆

（11）选择 建立平行 (P) 工具，做点 1 和点 2 连线的平行线，距离为 3 cm，如图 3-4-51 所示，做点 4 和点 8 连线的平行线，距离为 16.5 cm，如图 3-4-52 所示。前片腰线侧缝加点，移动该点 -0.5cm，如图 3-4-53 所示，完成收腰量，如图 3-4-54 所示。

图3-4-51　做前肩育克线

图3-4-52　做前片腰围线

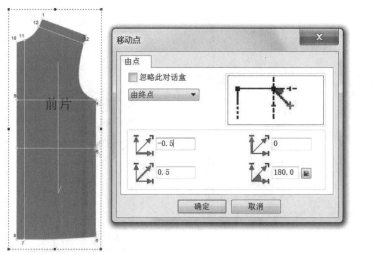

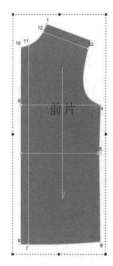

图3-4-53　移动前片侧腰点

图3-4-54　完成前片侧缝线

（12）选择 建立纸样 (B) 工具，依次选择门襟的样板部分，选中之后再次点击，则生成新的单独纸样，如图 3-4-55 所示，在"特性"里改样板名为"门襟"，完成门襟样板的制作，如图 3-4-56 所示。选择 沿内部裁剪 (Ctrl+Shift+C) 工具，将前肩育克裁剪出，如图 3-4-57、图 3-4-58 所示，利用 合并纸样 (J) 工具，将前后肩育克合并成一个纸样，并在"特性"里修改样片名称为"肩育克"，如图 3-4-59～图 3-4-61 所示。

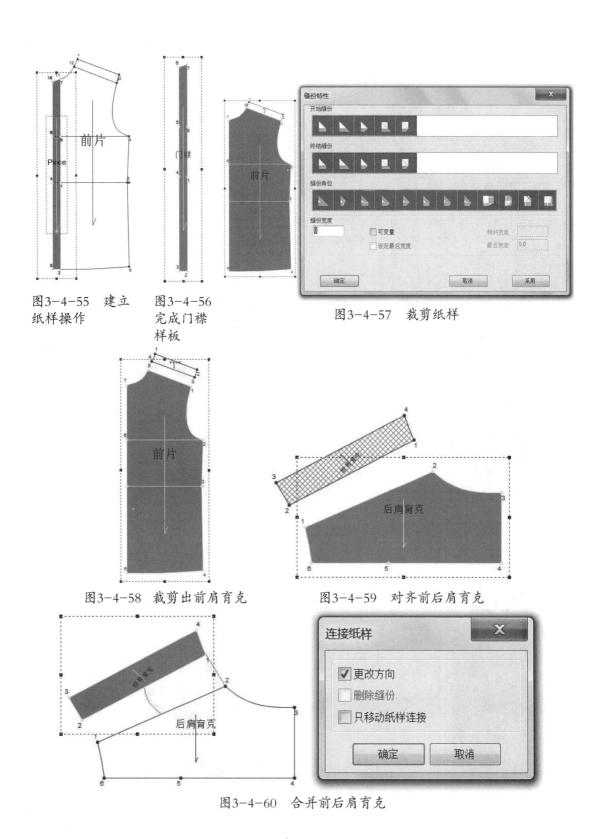

图3-4-55 建立
纸样操作

图3-4-56
完成门襟
样板

图3-4-57 裁剪纸样

图3-4-58 裁剪出前肩育克

图3-4-59 对齐前后肩育克

图3-4-60 合并前后肩育克

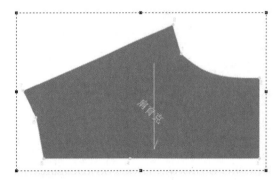

图3-4-61　完成男衬衫肩育克纸样

（13）利用参考线做出口袋大小，利用 ✂ 草图 (D) 工具，画出口袋外轮廓，如图 3-4-62 ~ 图 3-4-67 所示。利用 建立纸样 (B) 工具，将口袋生成新的独立纸样，如图 3-4-68 所示，在"特性"里修改纸样名称为"口袋"，如图 3-4-69 所示。

图3-4-62　前片口袋制作1

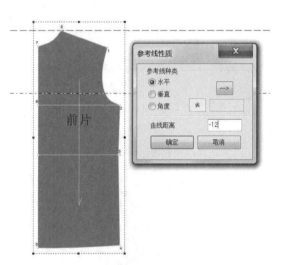

图3-4-63　前片口袋制作2

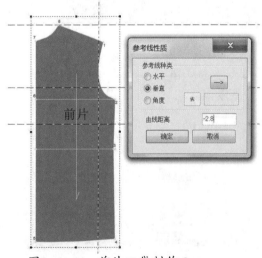

图3-4-64　前片口袋制作3

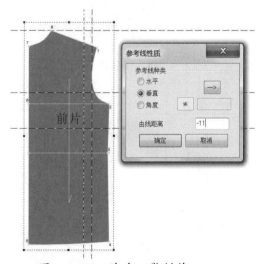

图3-4-65　前片口袋制作4

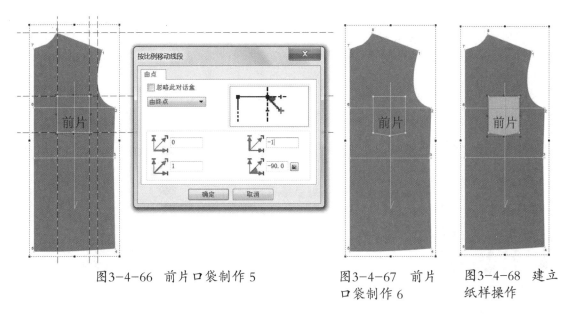

图3-4-66 前片口袋制作 5　　　图3-4-67 前片口袋制作 6　　　图3-4-68 建立纸样操作

（14）利用参考线和 🖊 草图 (D) 工具绘制前片钮位线，如图 3-4-70、图 3-4-71 所示。选择 ⊕ 钮位 (Ctrl+Alt+B) 工具，绘制钮位，如图 3-4-72 所示，可利用钮位"特性"下面的"复制"进行钮位复制，如图 3-4-73 ～图 3-4-75 所示。

图3-4-69 完成口袋纸样

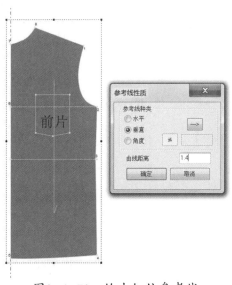

图3-4-70 绘出钮位参考线

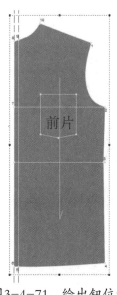

图3-4-71 绘出钮位线

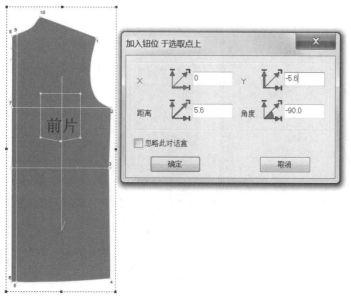

图3-4-72 设置第一钮位

图3-4-73 复制钮位1

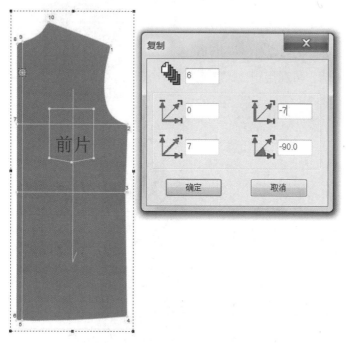

图3-4-74 复制钮位2

图3-4-75 钮位设置完成

（15）点击 ▢ 工具或在工作区空白处点击右键，在下拉菜单中选择"建立纸样"，选择"建立矩形纸样"，新建一个矩形纸样，如图3-4-76所示。弹出"开长方形"对话框，输入"袖子"、"长度54"和"宽度45"，点击确定完成，如图3-4-77所示。

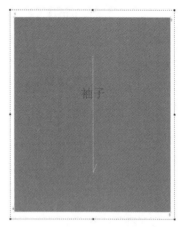

图3-4-76 设置袖子纸样参数　　　　图3-4-77 建立袖子基本纸样

（16）利用参考线和 草图(D) 工具画出袖中心线和袖肥线，如图 3-4-78 ~ 图 3-4-80 所示。删除点 1 和点 3，如图 3-4-81 所示。

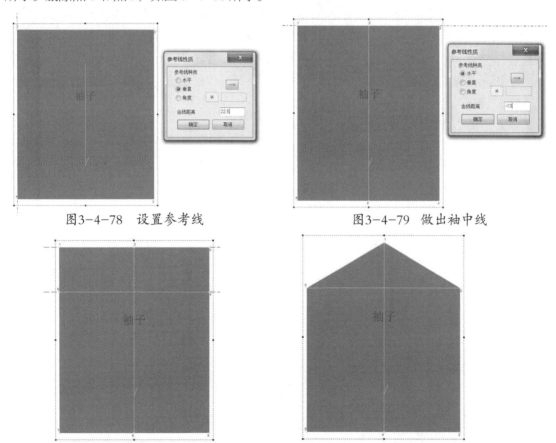

图3-4-78 设置参考线　　　　　　　图3-4-79 做出袖中线

图3-4-80 做出袖肥线　　　　　　　图3-4-81 做出袖山基础线

（17）利用 长度 (Ctrl+D) 工具，测得前 AH 和后 AH 的长度。利用 圆形 (Ctrl+Alt+C) 工具，分别以点 1 为圆心，前 AH-1、后 AH-0.5 为半径做圆，如图 3-4-82、图 3-4-83 所示，用 移动点 (M) 工具分别将点 6 和点 2 移动到圆和袖肥线的交点处，完成袖山基础线的制作，调整袖口与袖肥对齐，如图 3-4-84 所示。

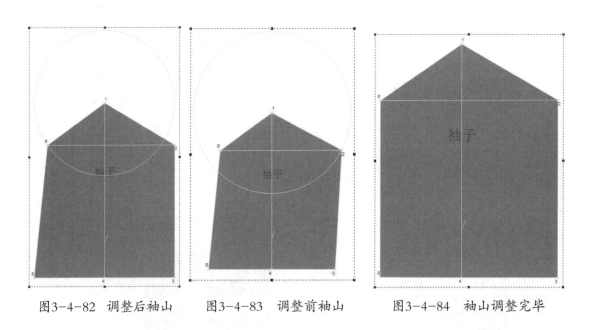

图3-4-82 调整后袖山　　图3-4-83 调整前袖山　　图3-4-84 袖山调整完毕

（18）利用 点在图形上 (O) 工具，在前后袖山线靠近袖肥的 1/3 处加点，如图 3-4-85、图 3-4-86 所示。按住 Shift+ 移动点 (M) 工具调整袖山线曲度，如图 3-4-87 所示。

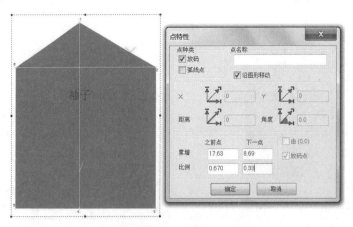

图3-4-85 后袖山加点

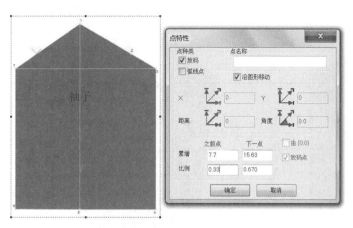

图3-4-86　前袖山加点　　　　　图3-4-87　调整袖山曲线

（19）利用 <kbd>点在图形上(O)</kbd> 工具在点5的左右分别加点，距离点5为13.6cm，如图3-4-88～图3-4-90所示。删除另外两点，如图3-4-91所示。

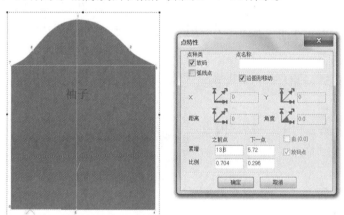

图3-4-88　确定前袖口位置

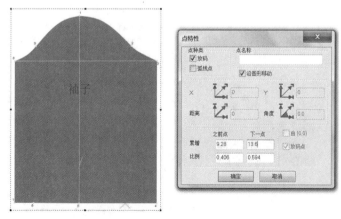

图3-4-89　确定后袖口位置

图3-4-90 袖口位置确定

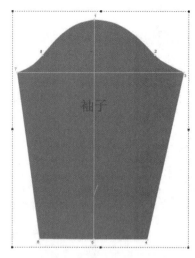

图3-4-91 调整袖口大小

（20）利用 移动点 (M) 工具分别向下移动点 4 和点 6，如图 3-4-92、图 3-4-93 所示，然后修顺袖口线，如图3-4-94所示。选择 草图 (D) 工具，在后袖口中点处做出袖开衩位置，如图 3-4-95 ～图 3-4-97 所示。

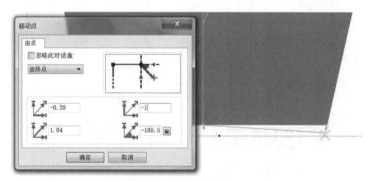

图3-4-92 移动点 4

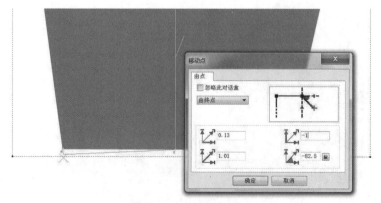

图3-4-93 移动点 6

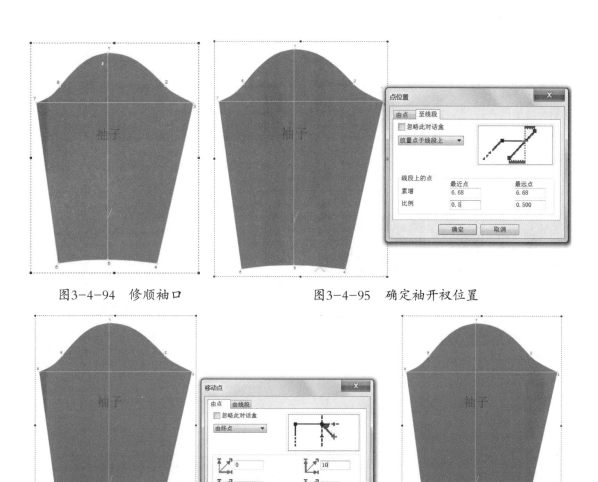

图3-4-94 修顺袖口 图3-4-95 确定袖开衩位置

图3-4-96 做出袖开衩位置 图3-4-97 完成袖开衩位置线

（21）点击 ⬜ 工具或在工作区空白处点击右键，在下拉菜单中选择"建立纸样"，选择"建立矩形纸样"，新建一个矩形纸样，如图3-4-98所示。弹出"开长方形"对话框，输入"袖头"、"长度25"和"宽度6"，点击确定完成，如图3-4-99所示。利用 ⌐ 圆角 (Ctrl+R) 工具将袖口两端修改成圆角，如图3-4-100 ～图3-4-102所示。

图3-4-98 设置袖头纸样参数

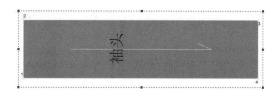

图3-4-99 完成袖头基本纸样

图3-4-100　做袖头圆角1

图3-4-101　做袖头圆角2

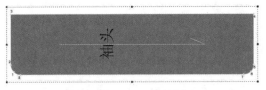

图3-4-102　袖头纸样完成

（22）点击 工具或在工作区空白处点击右键，在下拉菜单中选择"建立纸样"，选择"建立矩形纸样"，新建一个矩形纸样，如图3-4-103所示。弹出"开长方形"对话框，输入"领面"、"长度20"和"宽度4.5"，点击确定完成，如图3-4-104所示。利用 移动点(M) 工具，移动点3和点4到合适的位置，完成领面的制作，如图3-4-105 ～图3-4-107所示。

图3-4-103　设置领面纸样参数

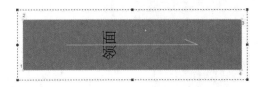

图3-4-104　完成领面基本纸样

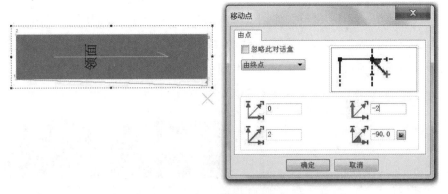

图3-4-105　调整领面起翘量

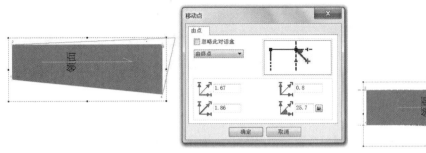
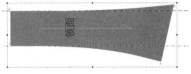

图3-4-106 调整领面的领角 　　　　　图3-4-107 领面纸样完成

（23）点击  工具或在工作区空白处点击右键,在下拉菜单中选择"建立纸样",选择"建立矩形纸样",新建一个矩形纸样,如图 3-4-108 所示。弹出"开长方形"对话框,输入"领底"、"长度20"和"宽度3.3",点击确定完成,如图 3-4-109 所示。利用 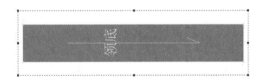 工具,将领底弧线修顺,完成领底样片的绘制,如图 3-4-110 ～图 3-4-113 所示。

图3-4-108 设置领底纸样参数 　　　　图3-4-109 完成领底基本纸样

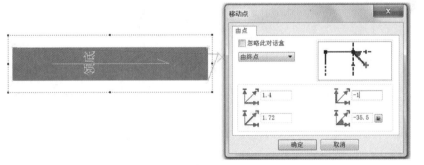

图3-4-110 调整领底起翘量1

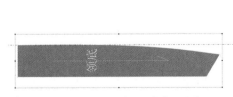
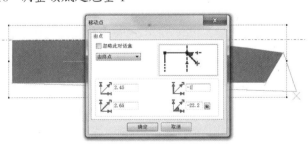

图3-4-111 调整领底起翘量2 　　图3-4-112 调整领底起翘量3

图3-4-113　领底纸样完成

（24）利用 <u>缝份 (S)</u> 工具为衬衫全部样片加缝份，完成衬衫的样片绘制，如图 3-4-114 所示。

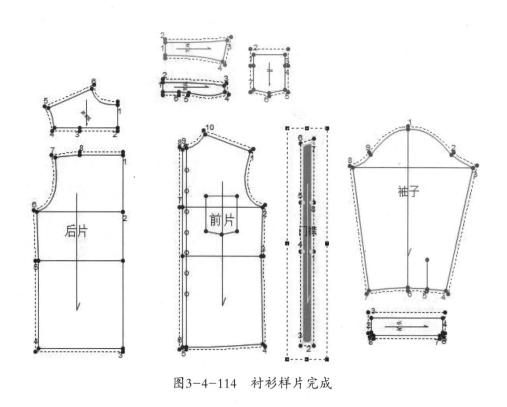

图3-4-114　衬衫样片完成

第五节　男西裤打板实例

一、男西裤规格尺寸表

单位：cm

部位	腰围	臀围	裤长	立裆深	脚口
尺寸	80	102	105.5	27.5	48

二、男西裤款式图

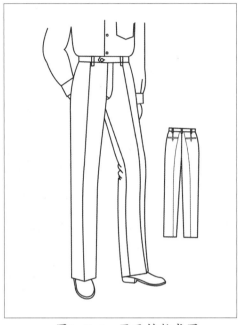

图3-5-1　男西裤款式图

三、作图步骤

（1）点击 ▢ 工具或在工作区空白处点击右键，在下拉菜单中选择"建立纸样"，选择"建立矩形纸样"，新建一个矩形纸样，如图 3-5-2 所示。弹出"开长方形"对话框，输入"前片"、"长度 102"和"宽度 24.5"，点击确定完成，如图 3-5-3 所示。

图3-5-2　设置前裤片参数

图3-5-3　建立前裤片基本纸样

（2）从上侧标尺拉出一条水平方向的参考线与1、2两点连线对齐，如图3-5-4所示，按住 Ctrl 单击此参考线，弹出"参考线性质"对话框，输入"由线距离 -24"，设置完毕后点击确定，生成立裆线，如图 3-5-5 所示，用同样的方法分别生成臀围线和膝围线，如图3-5-6、图 3-5-7 所示。选择 点在图形上 (O) 工具，在这些参考线与纸样相交的位置加入点。

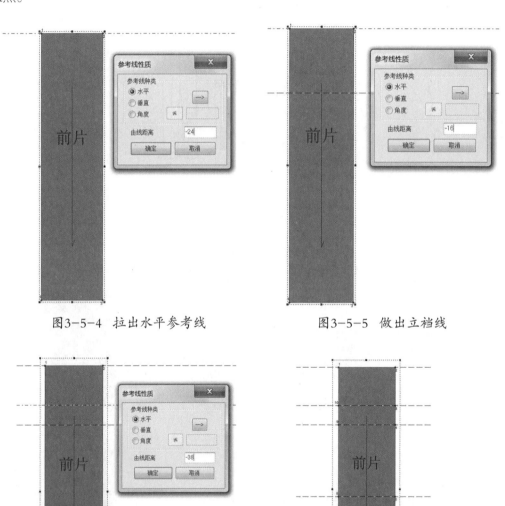

图3-5-4 拉出水平参考线　　　　　图3-5-5 做出立裆线

图3-5-6 做出臀围线　　　　　图3-5-7 做出膝围线

（3）选择 移动点(M) 工具，分别选择点9和点4，设置弹出对话框，水平向左分别为 −4.1cm 和 −0.5cm，点击确定后完成，如图3-5-8、图3-5-9所示。从左侧标尺拉出一条竖直方向的参考线与点9对齐，如图3-5-10所示，按住Ctrl单击此参考线，弹出"参考线性质"对话框，输入"由线距离14.05"，设置完毕后点击确定，生成前片裤中线，如图3-5-11所示。

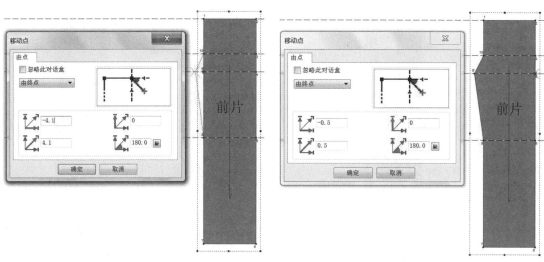

图3-5-8 移动点9　　　　　　　　　　　　图3-5-9 移动点4

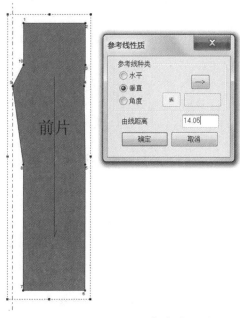　　　

图3-5-10 设置平行参考线距离　　　　　图3-5-11 做出裤中心辅助线

（4）利用 草图 (D) 工具绘制出前片裤中线和膝围线，如图 3-5-12 所示，利用 圆形 (Ctrl+Alt+C) 工具分别以前片裤中线与裤口线、膝围线的交点为圆心做圆，如图 3-5-13、图 3-5-14 所示，在"特性"中修改圆半径分别为 11cm、11.8cm。利用 移动点 (M) 工具，分别移动裤口线两端点和膝围线两端点，使其移动到所做的圆形与两条线的交点处，如图 3-5-15 所示。

图3-5-12 绘出裤中心线和膝围线

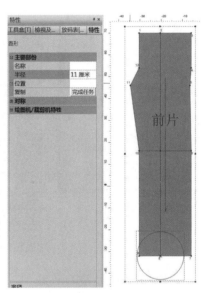

图3-5-13 设置前裤口大小

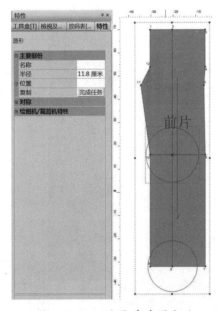

图3-5-14 设置前膝围大小

图3-5-15 调整裤口和膝围的位置

（5）利用 **移动点(M)** 工具移动点1，设置弹出对话框，点击确定完成，如图3-5-16所示。选择 **长度(Ctrl+D)** 工具，测量点1和点2连线的长度，如图3-5-17所示，点击弹出对话框中的"编辑线段长度"，修改"长度"为23cm，如图3-5-18所示，在"延长"中选择"最后水平"，点击确定完成。利用Shift+ **移动点(M)** 工具，修顺前中心线和侧缝线，如图3-5-19、图3-5-20所示。

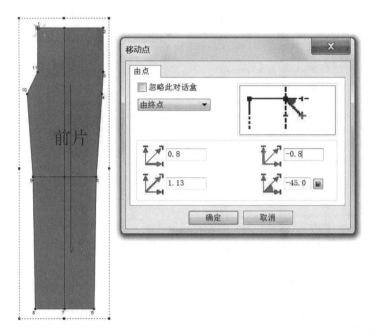

图3-5-16　移动点1

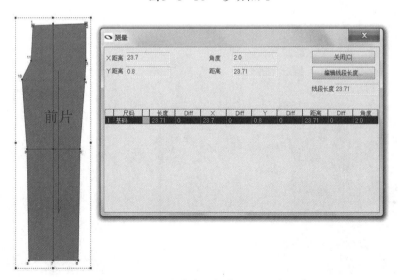

图3-5-17　测量点1和点2之间的距离

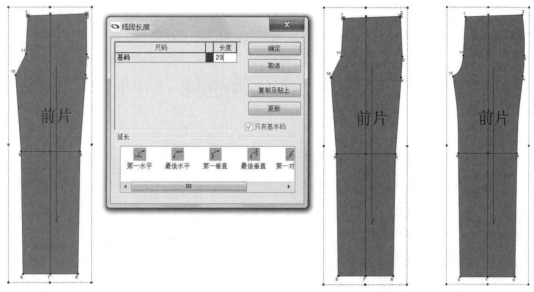

图3-5-18 修改点1和点2之间的距离　　图3-5-19 完成腰围线　图3-5-20 修顺前
中心线和侧缝线

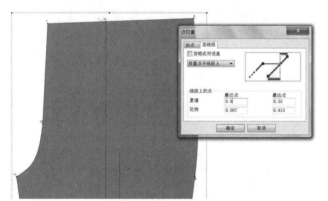

图3-5-21 绘出褶位 1

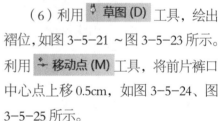

（6）利用 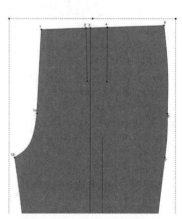 草图 (D) 工具，绘出褶位，如图 3-5-21 ～图 3-5-23 所示。利用 移动点 (M) 工具，将前片裤口中心点上移 0.5cm，如图 3-5-24、图 3-5-25 所示。

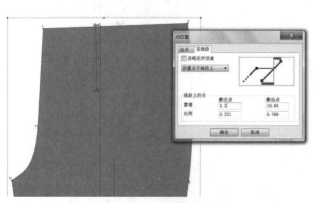

图3-5-22 绘出褶位 2

图3-5-23 绘出褶位 3

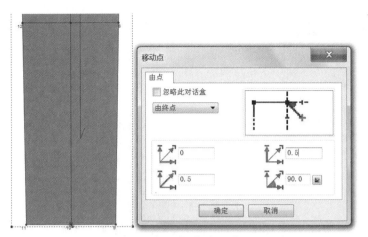

图3-5-24 调整前裤口中心点　　　　图3-5-25 调整前裤口

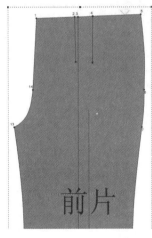

图3-5-26 绘出前裤片袋位 1

（7）利用 草图 (D) 工具，绘出口袋位，如图 3-5-26 ~ 图 3-5-28 所示。

（8）点击 工具或在工作区空白处点击右键，在下拉菜单中选择"建立纸样"，选择"建立矩形纸样"，新建一个矩形纸样，如图 3-5-29 所示。弹出"开长方形"对

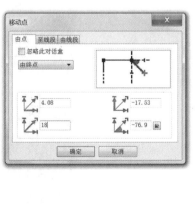
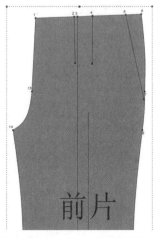

图3-5-27 绘出前裤片袋位 2　　　　图3-5-28 绘出前裤片袋位 3

图3-5-29　设置后裤片参数

话框，输入"后片"、"长度102"和"宽度26.5"，点击确定完成，如图3-5-30所示。

（9）从上侧标尺拉出一条水平方向的参考线与1、2两点连线对齐，按住Ctrl单击此参考线，弹出"参考线性质"对话框，输入"由线距离-24"，设置完毕后点击确定，生成立裆线，如图3-5-31、图3-5-32所示，用同样的方法分别生成臀围线和膝围线，如图3-5-33、图3-5-34所示。选择 点在图形上(O) 工具，在这些参考线与纸样相交的位置加入点。

图3-5-30　做出后裤片基本纸样

图3-5-31　设置平行参考线距离

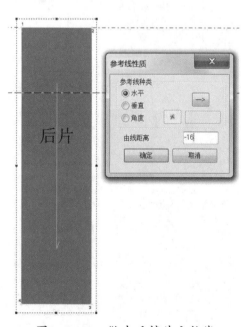

图3-5-32　做出后裤片立裆线

图3-5-33　做出后裤片臀围线

图3-5-34　做出后裤片膝围线

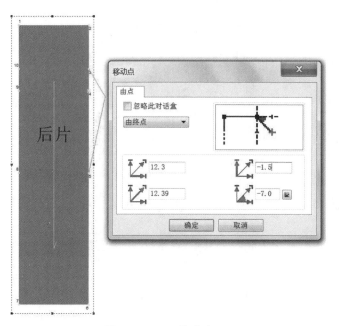

图3-5-35　移动点 4

（10）选 择 移动点(M) 工具，移动点 4，设置弹出对话框，水平向右为 12.3cm，竖直向下为 1.5cm，点击确定后完成，如图 3-5-35 所示。从左侧标尺拉出一条竖直方向的参考线与点 1 和点 7 的连线对齐，如图 3-5-36 所示，按住 Ctrl 单击此参考线，弹出"参考线性质"对话框，输入"由线距离 20.4"，设置完毕后点击确定，生成后片裤中线，利用 草图(D) 工具将后片裤中线绘出，如图 3-5-37 所示。

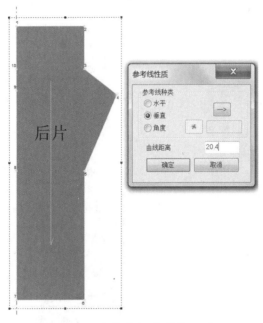

图3-5-36 设置平行参考线距离   图3-5-37 做出后片裤中线

（11）利用 草图 (D) 工具绘制出后片膝围线，利用 圆形 (Ctrl+Alt+C) 工具分别以后片裤中线与裤口线、膝围线的交点为圆心做圆，在"特性"中修改圆半径分别为 13cm、13.8cm，如图 3-5-38、图 3-5-39 所示。利用 移动点 (M) 工具，分别移动裤口线两端点

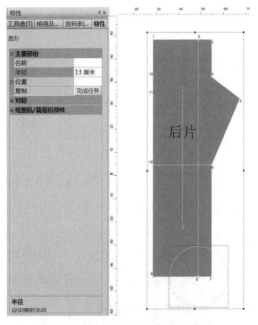
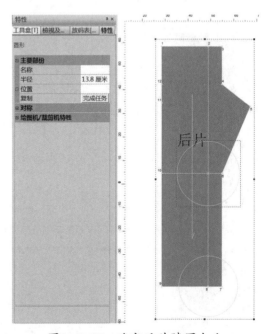

图3-5-38 确定后片裤口大小   图3-5-39 确定后片膝围大小

和膝围线两端点，使其移动到所做的圆形与两条线的交点处，如图 3-5-40 所示。

（12）利用 **✛ 移动点 (M)** 工具移动点 2，设置弹出对话框，点击确定完成，如图 3-5-41、图 3-5-42 所示。选择 **⊢┤ 长度 (Ctrl+D)** 工具，测量点 1 和点 2 连线的长度，如图 3-5-43 所示，点击弹出对话框中的"编辑线段长度"，修改"长度"为 23cm，在"延长"中选择"第一水平"，点击确定完成，如图 3-5-44 所示。利用 Shift+ **✛ 移动点 (M)** 工具，修顺后中心线、侧缝线和后腰线，如图 3-5-45 所示。

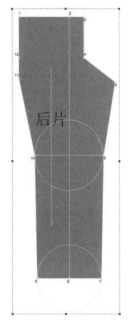

图3-5-40　调整后片膝围和裤口的大小

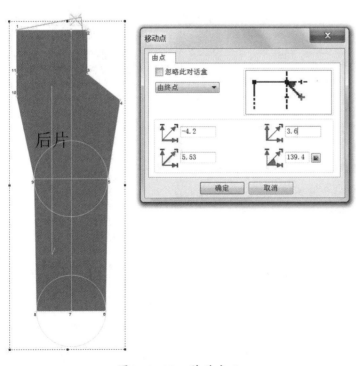

图3-5-41　移动点 2

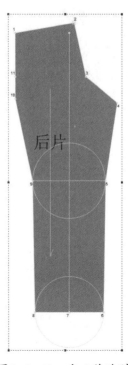

图3-5-42　点 2 移动到位

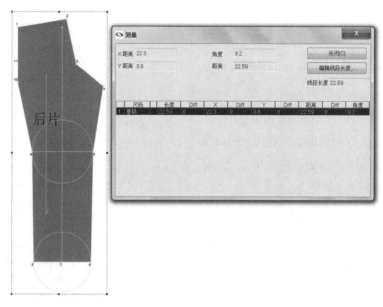

图3-5-43　测量点1和点2连线的长度

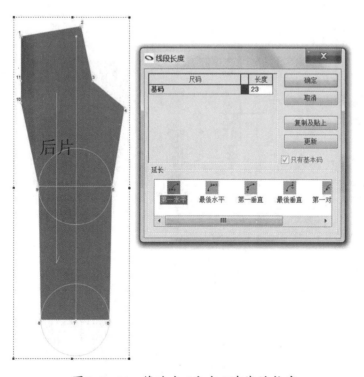

图3-5-44　修改点1和点2连线的长度

图3-5-45　修顺后中心线、侧缝线和后腰线

（13）利用 建立平行 (P) 工具，做后片腰围线的平行线，距离为 7cm，如图 3-5-46、图 3-5-47 所示。选择 草图 (D) 工具，在腰线平行线的左端 4cm 处开始画线，长度为 13.5cm，如图 3-5-48 ~ 图 3-5-50 所示。

图3-5-46　建立后片腰线平行线

图3-5-47　做出后片口袋位

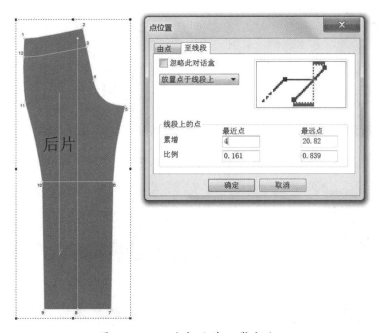

图3-5-48　确定后片口袋大小 1

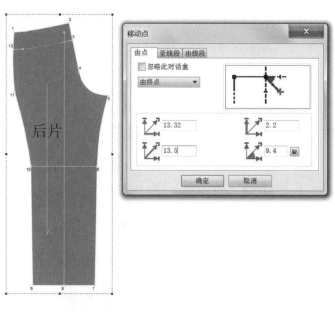

图3-5-49　确定后片口袋大小 2　　　　　图3-5-50　完成后片口袋位设置

（14）选择 ✎ **草图 (D)** 工具，从后片口袋中心点向腰围线作垂线。利用
✎ **死褶 (Ctrl+Alt+D)** 工具，在点 2 处作省道，如图 3-5-51 ~ 图 3-5-55 所示，省道宽 2cm，
深 7cm，如图 3-5-56 所示。

图3-5-51　绘出后片省道位置 1　　　　　图3-5-52　绘出后片省道位置 2

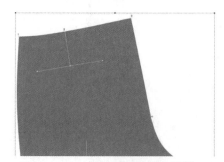
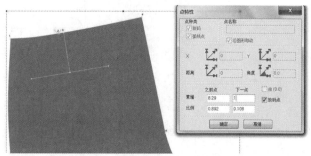

图3-5-53　绘出后片省道位置 3　　　　　图3-5-54　绘出后片省道位置 4

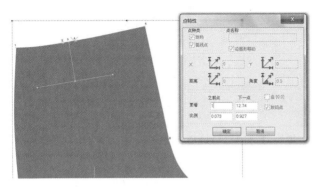

图3-5-55　绘出后片省道位置 5

（15）点击 ▢ 工具或在工作区空白处点击右键，在下拉菜单中选择"建立纸样"，选择"建立矩形纸样"，新建一个矩形纸样。弹出"开长方形"对话框，输入"左腰"、"长度51"和"宽度3.5"，点击确定完成。同样建立右腰纸样，如图 3-5-57 ～图 3-5-60 所示。

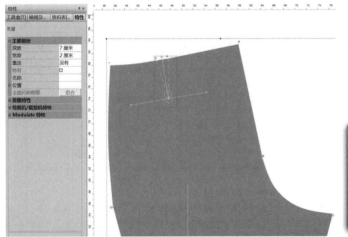

图3-5-56　设置后片省道大小

图3-5-57　设置左腰头纸样参数

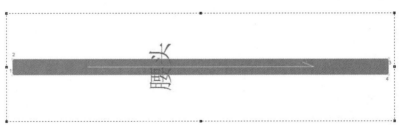

图3-5-58　绘出左腰头纸样

图3-5-59　设置右腰头纸样参数

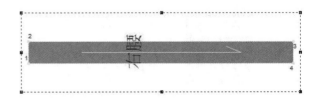

图3-5-60　绘出右腰头纸样

（16）选择 缝份 (S) 工具，为裤子前后片及左右腰头加缝份，如图 3-5-61 ～图 3-5-63 所示。

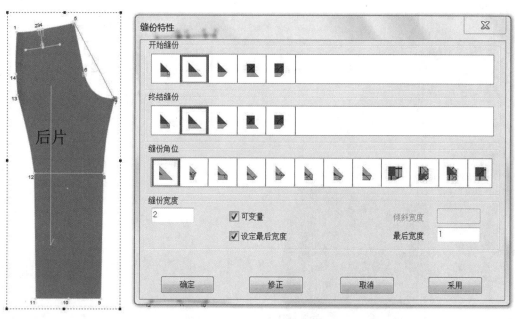

图3-5-61　为西裤纸样加缝份 1

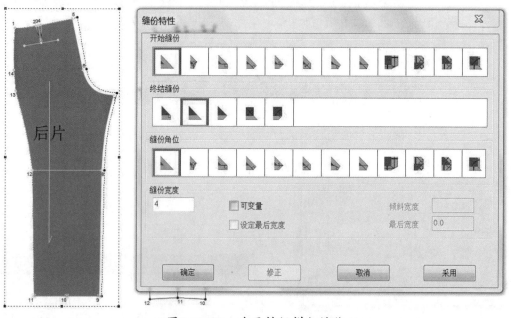

图3-5-62　为西裤纸样加缝份 2

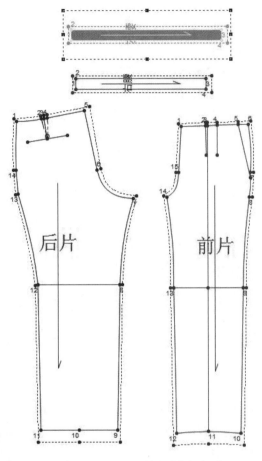

图3-5-63　西裤纸样完成图

第六节　连衣立领胸前收褶女上衣打板实例

一、女上衣规格尺寸表

单位：cm

部位	胸围	腰围	衣长	袖长
尺寸	92	74	56	58

二、女上衣款式图

如图 3-6-1 所示。

图3-6-1　连衣立领胸前收褶女上衣款式图

三、作图步骤

（1）点击 ▢ 工具或在工作区空白处点击右键，在下拉菜单中选择"建立纸样"，选择"建立矩形纸样"，新建一个矩形纸样，如图3-6-2所示。弹出"开长方形"对话框，输入"后片"、"长度56"和"宽度23.5"，点击确定完成，如图3-6-3所示。

图3-6-2　设置后片纸样参数

图3-6-3　做出后片基本纸样

（2）从上侧标尺拉出一条水平方向的参考线与1、2两点连线对齐，如图3-6-4所示，按住 Ctrl 单击此参考线，弹出"参考线性质"对话框，输入"由线距离 -20.5"，如图3-6-5所示，设置完毕后点击确定，生成一条新的参考线，如图3-6-6所示，选择 草图(D) 工具，在此参考线与纸样相交的两点之间连线，完成后片胸围线的制作，如图3-6-7所示。

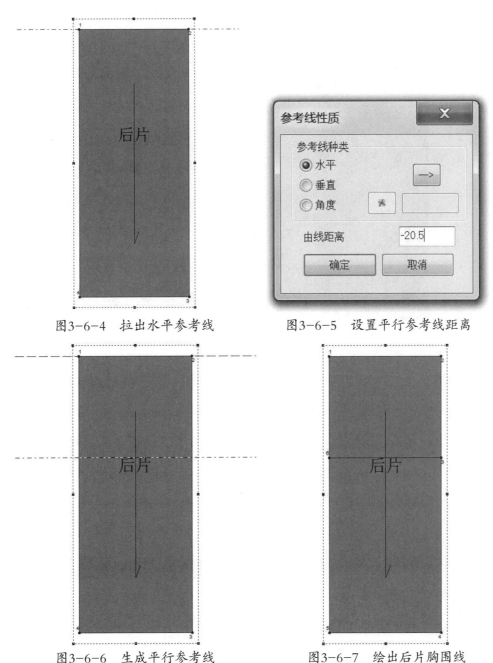

图3-6-4　拉出水平参考线　　　　图3-6-5　设置平行参考线距离

图3-6-6　生成平行参考线　　　　图3-6-7　绘出后片胸围线

（3）选择 点在图形上 (O) 工具，点击点 1 和点 2 之间的线段，设置弹出对话框，距离之前点 7cm，点击确定后完成，如图 3-6-8 所示。再选择 移动点 (M) 工具，点击点 2 并向上拖动，再次点击，设置弹出对话框，竖直向上移动 2.4 cm，点击确定后完成，如图 3-6-9、图 3-6-10 所示。按住 Shift+ 移动点 (M) 工具，将点 1 和点 2 之间的线调整成曲线，完成后领口弧线，如图 3-6-11 所示。

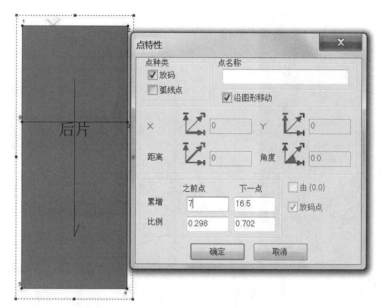

图3-6-8　加后领侧点

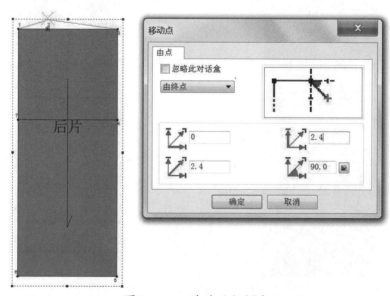

图3-6-9　移动后领侧点

图3-6-10　调整后领侧点到位　　　图3-6-11　修顺后领口弧线

（4）选择  移动点(M) 工具，拖动点 3 到合适的位置点击，设置移动点对话框，水平向左移动 3.5cm，竖直向下移动 0.5cm，点击确定，如图 3-6-12、图 3-6-13 所示。按住 Shift+ 移动点(M) 工具，将点 3 和点 4 之间的直线调整为曲线，完成后片袖窿弧线，如图 3-6-14 所示。

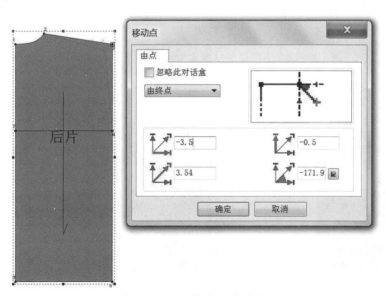

图3-6-12　移动后片肩点

图3-6-13　后片肩点移动到位　　　图3-6-14　修顺后片袖窿弧线

（5）从上侧标尺拉出一条水平方向的参考线与点 1 对齐，如图 3-6-15 所示，按住 Ctrl 单击此参考线，弹出"参考线性质"对话框，输入"由线距离 -38"，设置完毕后点击确定，生成一条新的参考线，如图 3-6-16 所示，选择 ⚓ 草图 (D) 工具，在此参考线与纸样相交的两点之间连线，完成后片腰围线的制作，如图 3-6-17 所示。

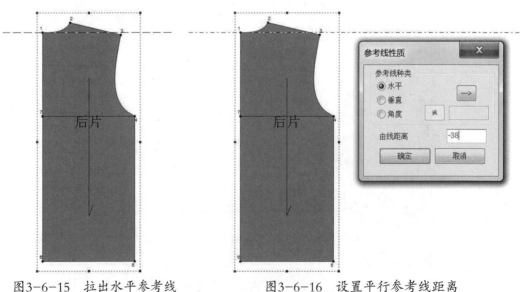

图3-6-15　拉出水平参考线　　　图3-6-16　设置平行参考线距离

（6）选择 **草图 (D)** 工具，由点 1 沿着后中线辅助线画后中线，腰部及下摆收进 1.5cm，如图 3-6-18、图 3-6-19 所示，按住 Shift+ **移动点 (M)** ，调整腰围线以上成曲线，如图 3-6-20 所示。

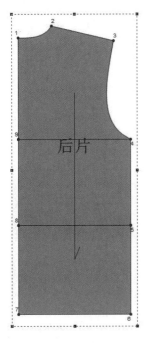

图3-6-17　绘出腰围线

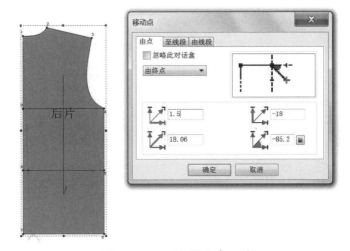

图3-6-18　绘制后中心线

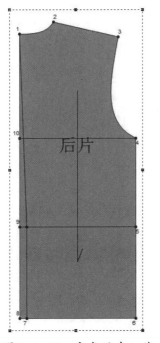

图3-6-19　完成后中心线

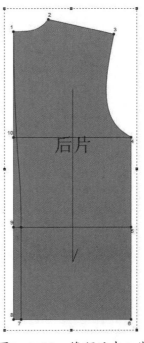

图3-6-20　修顺后中心线

（7）选择建立与裁剪工具盒下面的"沿内部裁剪"工具，如图3-6-21所示，点击后中线，完成裁剪工作，如图3-6-22所示，删掉不用的衣片，保留后中片，如图3-6-23所示。

（8）选择 移动点 (M) 工具，将点5向左移动1.5cm，即收腰1.5cm，如图3-6-24所示，同样用移动点工具移动后片侧缝底点，如图3-6-25所示，移动后将下摆修圆顺，如图3-6-26所示。

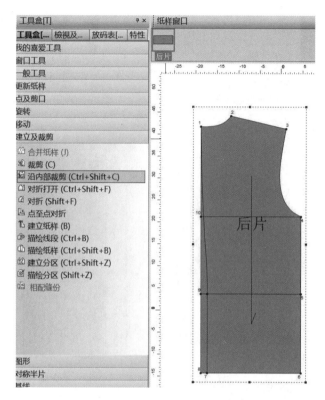

图3-6-21 选择"沿内部裁剪"工具

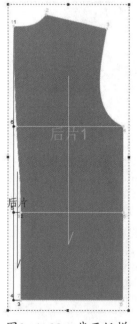

图3-6-22 裁开纸样

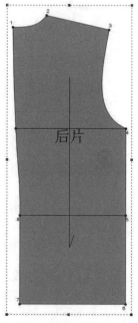

图3-6-23 删除多余纸样部分

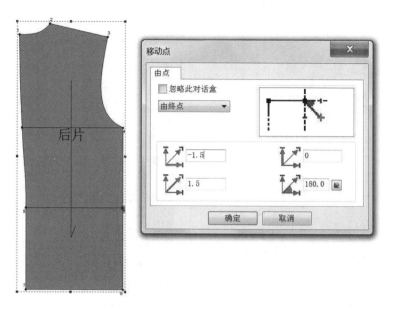

图3-6-24　收腰处理

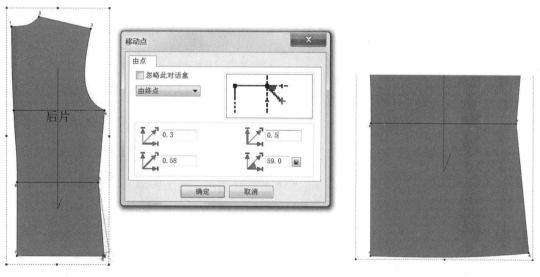

图3-6-25　调整下摆　　　　　　　图3-6-26　修顺下摆

（9）利用 ⌖ 草图(D) 工具绘制后片刀背缝，并修圆顺，如图 3-6-27 所示，利用"建立及裁剪"工具盒下面的"沿内部裁剪"工具，点击后片刀背缝，完成裁剪工作，删掉不用的衣片，保留后中片和后侧片，如图 3-6-28 所示。

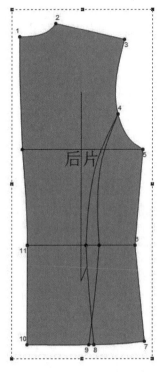

图3-6-27 绘制后片刀背缝

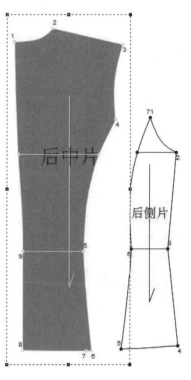

图3-6-28 分割后片和后侧片

（10）点击 ▢ 工具或在工作区空白处点击右键，在下拉菜单中选择"建立纸样"，选择"建立矩形纸样"，新建一个矩形纸样,如图 3-6-29 所示。弹出"开长方形"对话框，输入"前片"、"长度 58.9"和"宽度 23.5"，点击确定完成，如图 3-6-30 所示。

图3-6-29 设置前片纸样参数

图3-6-30 绘制前片基本纸样

（11）从上侧标尺拉出一条水平方向的参考线与 1、2 两点连线对齐，如图 3-6-31 所示，按住 Ctrl 单击此参考线，弹出"参考线性质"对话框，输入"由线距离 -20"，设置完毕后点击确定，生成一条新的参考线，如图 3-6-32 所示，选择 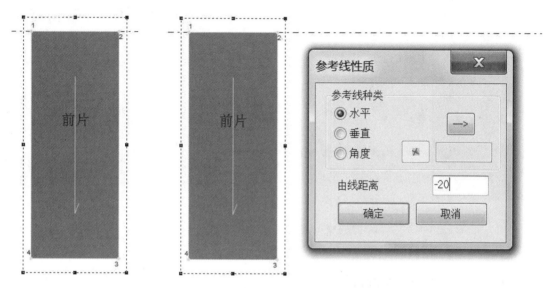 草图 (D) 工具，在此参考线与纸样相交的两点之间连线，完成前片胸围线的制作，如图 3-6-33 所示。

（12）选择 点在图形上 (O)，分别在点 2 的左边及下边加入两点，如图 3-6-34、图

图3-6-31　拉出水平参考线　　　　　　图3-6-32　设置平行参考线距离

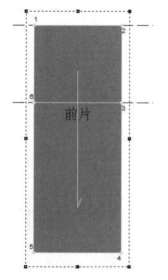

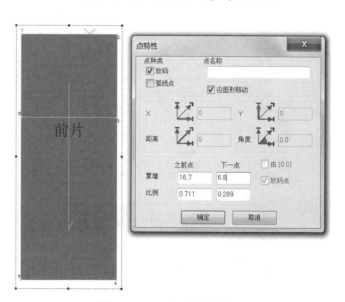

图3-6-33　绘制前片胸围线　　　　　　图3-6-34　加前领侧点

3-6-35 所示，删除点 3，如图 3-6-36，按住 Shift+ 移动点 (M) 工具，修顺前领口，如图 3-6-37 所示。

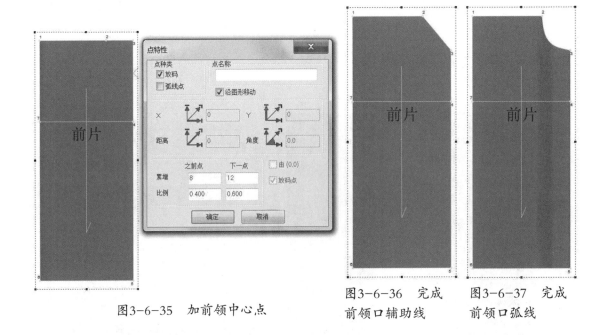

图3-6-35 加前领中心点

图3-6-36 完成前领口辅助线

图3-6-37 完成前领口弧线

（13）选择 移动点 (M) 工具，移动点 1，如图 3-6-38 所示，修顺前袖窿弧线，如图 3-6-39 所示。

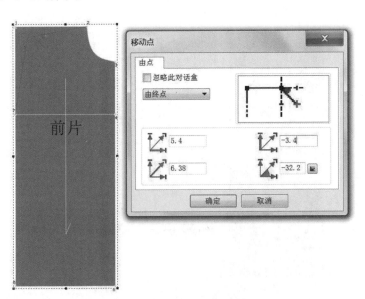

图3-6-38 移动前肩点

图3-6-39 修顺前袖窿弧线

（14）选择 🖊 **死褶 (Ctrl+Alt+D)** 工具，在点 6 和点 7 之间线段上做省道，省道宽 3.4cm，深 14cm，如图 3-6-40 ~ 图 3-6-42 所示。

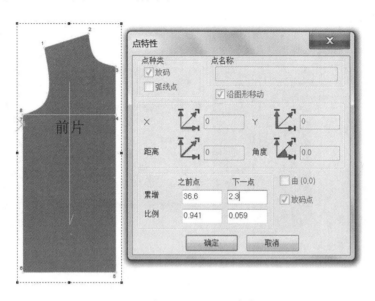

图3-6-40　加胸省 1

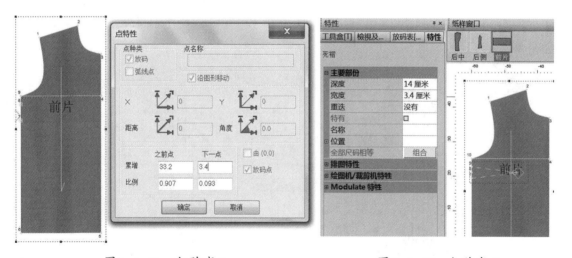

图3-6-41　加胸省 2　　　　　　　　　　　　图3-6-42　加胸省 3

（15）从上侧标尺拉出一条水平方向的参考线与 4、10 两点连线对齐，如图 3-6-43 所示，按住 Ctrl 单击此参考线，弹出"参考线性质"对话框，输入"由线距离 -20.9"，设置完毕后点击确定，生成一条新的参考线，如图 3-6-44 所示，选择 🖊 **草图 (D)** 工具，在此参考线与纸样相交的两点之间连线，完成前片腰围线的制作，如图 3-6-45 所示。

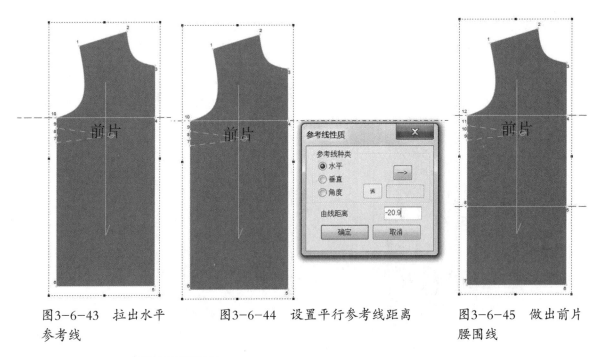

图3-6-43　拉出水平
参考线

图3-6-44　设置平行参考线距离

图3-6-45　做出前片
腰围线

（16）选择 ✥ **移动点 (M)** 工具，将点 8 向右移动 1.5cm，即收腰 1.5cm，如图 3-6-46
所示,同样用移动点工具移动点 7 和点 6,如图 3-6-47、图 3-6-48 所示,移动后将下摆修圆顺,
如图 3-6-49 所示。

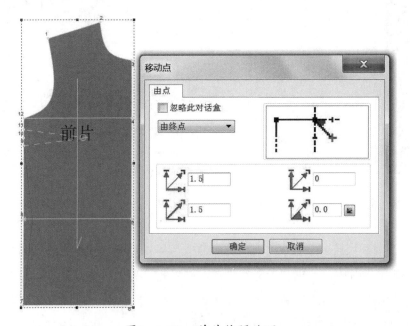

图3-6-46　前片收腰处理

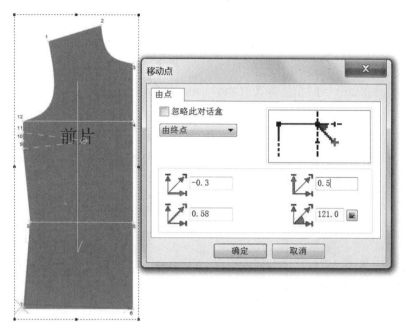

图3-6-47　调整前片下摆1

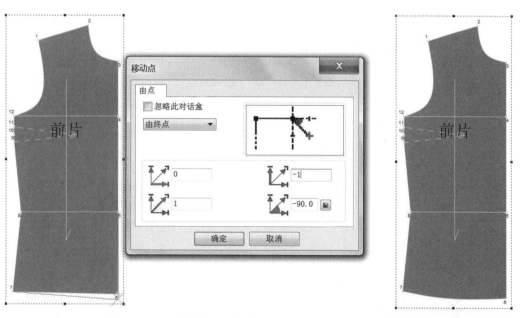

图3-6-48　调整前片下摆2　　　　　　图3-6-49　修顺前片下摆

（17）选择 点在图形上 (O) 工具在点5下面9.5cm处加点，如图3-6-50所示，再利用 移动点 (M) 工具分别将点5、点6和点7向右移动10cm、10cm和向下移动4cm，如

图3-6-51～图3-6-53所示，修顺点6和点7之间线段，如图3-6-54所示。删除点3和点4，如图3-6-55、图3-6-56所示。利用 ⚑ 草图 (D) 工具，从点2开始向右3cm、向上1.8cm，最后与腰围线上的点3连接，如图3-6-57～图3-6-59所示。利用 ⚎ 交换线段 工具，修正领外口和门襟，完成前片门襟的设计，如图3-6-60所示。

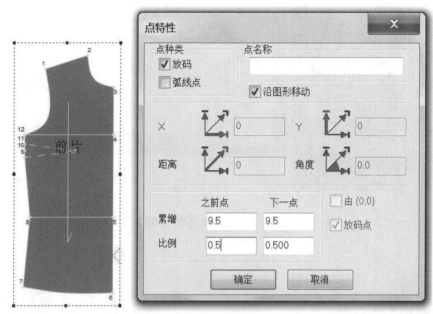

图3-6-50　前门襟设计 1

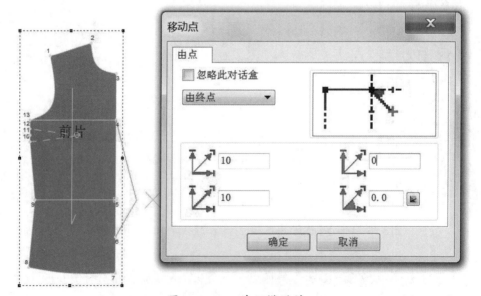

图3-6-51　前门襟设计 2

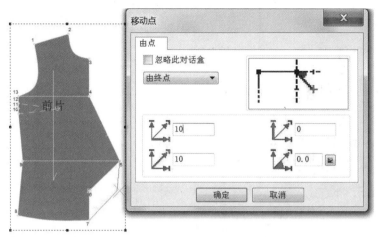

图3-6-52　前门襟设计 3

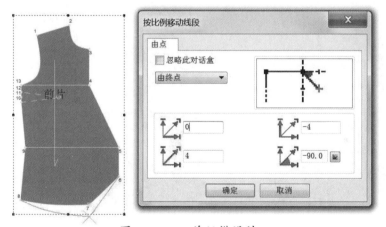

图3-6-53　前门襟设计 4

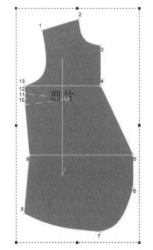

图3-6-54　前门襟设计 5

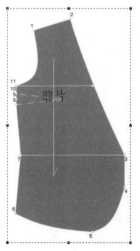

图3-6-55　前领口设计 1

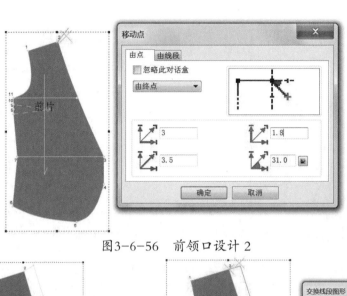

图3-6-56　前领口设计 2

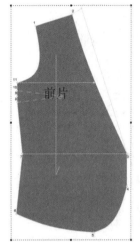

图3-6-57　前领口设计 3

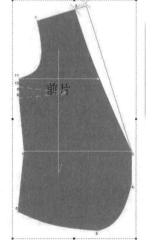

图3-6-58　前领口设计 4

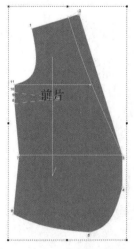

图3-6-59　前领口设计 5

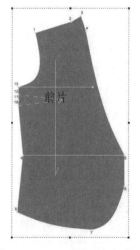

图3-6-60　前领口设计 6

（18）利用 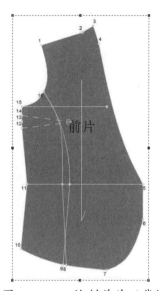 草图（D）工具绘制前片刀背缝，并修圆顺，如图3-6-61所示，利用建立与裁剪工具盒下面的"沿内部裁剪"工具，点击前片刀背缝，完成裁剪工作，删掉不用的衣片部分，保留前中片和前侧片，如图3-6-62所示。

图3-6-61　绘制前片刀背缝

图3-6-62　分割前中片和前侧片

（19）选择 草图（D）工具，从点5和点6之间的线段向点8和点11之间的线段做开褶辅助线，如图3-6-63、图3-6-64所示。

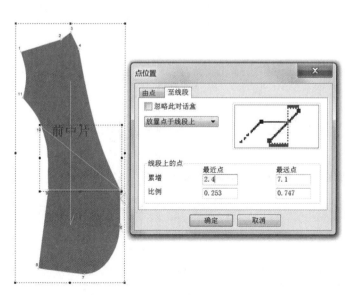

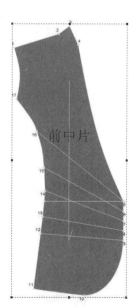

图3-6-63　绘制前片胸前褶位1

图3-6-64　绘制前片胸前褶位2

187

（20）利用 工具，在上一步所画的开褶线上加入容位量，即分别选择每条开褶线的两端，设置弹出对话框，如图 3-6-65、图 3-6-66 所示，最后完成前中片。

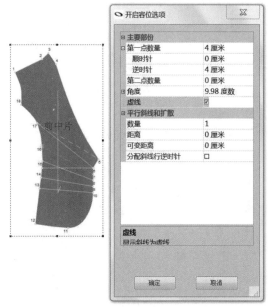

图3-6-65　前片胸前开褶 1

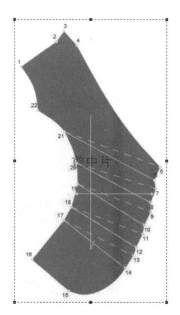

图3-6-66　前片胸前开褶 2

（21）利用 长度 (Ctrl+D) 工具测量后领口弧长，依照该后领口弧长，如图 3-6-67 所示，建立领子基本纸样，如图 3-6-68、图 3-6-69 所示，分别移动点 2 和点 3，设置移动距离，如图 3-6-70、图 3-6-71 所示，修顺上下领口弧线。利用 设定半片 (H) 工具，选择后领中心线，并选择 打开半片\ n打开半片 (Shift+H) 工具，将领子沿后领中心线对称打开，如图 3-6-72、图 3-6-73 所示。

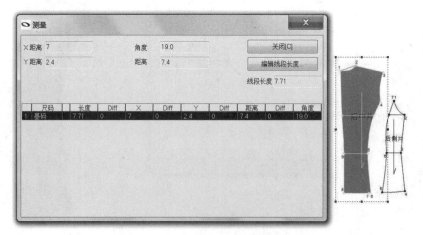

图3-6-67　测量后领口弧长

图3-6-68 设置领子纸样参数

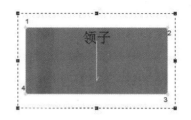

图3-6-69 做出领子基本纸样

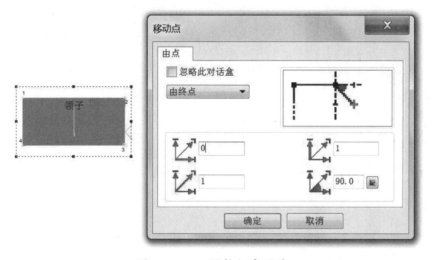

图3-6-70 调整领底弧线

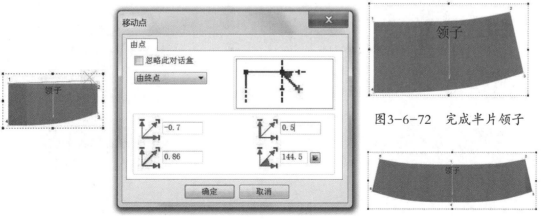

图3-6-71 调整领口弧线

图3-6-72 完成半片领子

图3-6-73 完成整片领子

（22）做袖子。利用 长度 (Ctrl+D) 工具测量前后袖窿弧长，测得前 AH 为 20.32cm，后 AH 为 22.16cm。建立矩形纸样，长 58cm，宽 35cm，如图 3-6-74 所示。从上侧标尺拉出一条参考线与点 1 和点 2 的连线对齐，按住 Ctrl 键点击该参考线，输入"由线距离 –15.5"，如图 3-6-75 所示，并用 草图 (D) 工具连接参考线与纸样相交的两点。用同样的方法，在纸样中间做竖直方向的参考线，并画线，如图 3-6-76、图 3-6-77 所示。选择

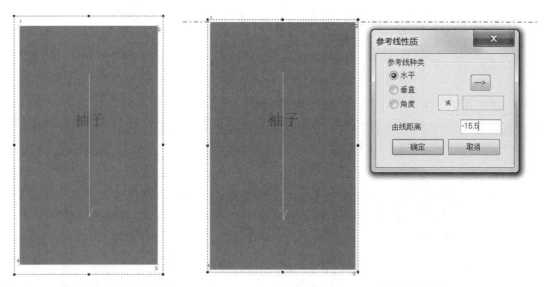

图3-6-74　建立袖子基本纸样　　　　　　　图3-6-75　绘制袖肥线

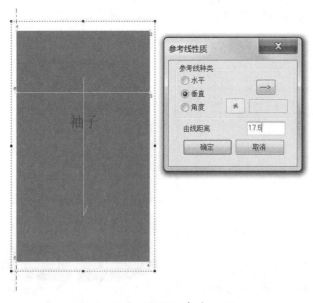
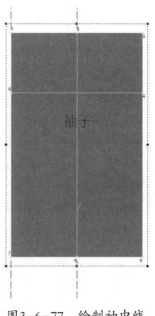

图3-6-76　设置袖中线位置　　　　　　　图3-6-77　绘制袖中线

⊗ 圆形 (Ctrl+Alt+C) 工具，以点 2 为圆心，以后 AH+0.7 为半径做圆，利用 ⊹ 移动点 (M) 工具，将点 8 移动到圆与袖肥线的交点上，如图 3-6-78、图 3-6-79 所示。用同样的步骤画前 AH 为半径的圆，完成点 4 位置的调整，如图 3-6-80、图 3-6-81 所示。删除点 1 和

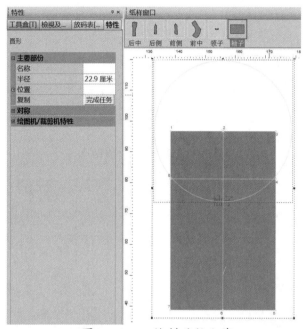

图3-6-78　绘制后袖山线 1

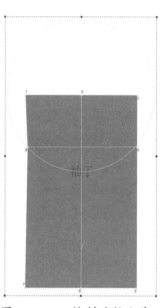

图3-6-79　绘制后袖山线 2

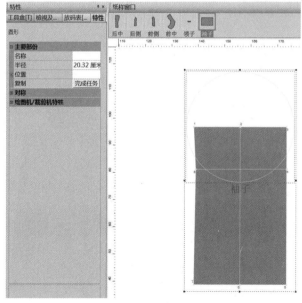

图3-6-80　绘制前袖山线 1

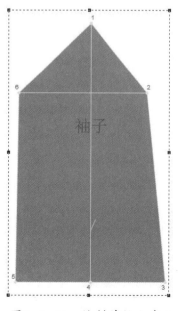

图3-6-81　绘制前袖山线 2

点 3。在点 1 和点 2 之间加点，如图 3-6-82 所示。按住 Shift+ **移动点 (M)** 工具，移动点 1 和点 2 的连线，使其凸起 1.6cm，同样的办法将点 2 和点 3 之间的连线凹进 2.2cm，如图 3-6-83 ~ 图 3-6-85 所示。

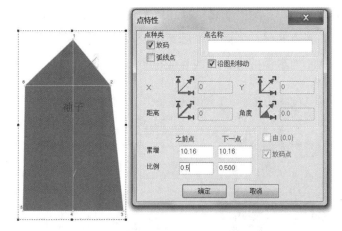

图 3-6-82　前袖山加辅助点

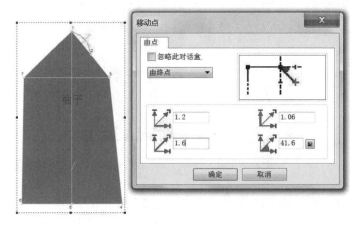

图 3-6-83　调整前袖山弧线 1

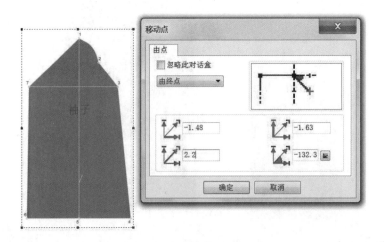

图 3-6-84　调整前袖山弧线 2

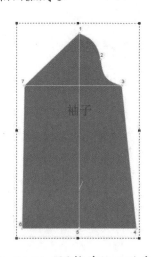

图 3-6-85　调整前袖山弧线 3

在点 1 和点 7 连线的中点加点，在该点与点 7 之间再加一点，距离该点 2.5cm，删除点 9，如图 3-6-86、图 3-6-87 所示。按住 Shift+ ✛移动点 (M) 工具移动点 1 和点 8 之间连线，使其凸起 2.2cm，同样的方法移动点 7 和点 8 之间的连线，使其凹进 1.5cm，完成袖山弧线的制作，如图 3-6-88 ~ 图 3-6-90 所示。移动点 4 和点 6，使其分别与点 3 和点 7 竖直方向对齐，如图 3-6-91、图 3-6-92 所示。在前后袖肥的中点上画线，使其与袖山线和袖口线相交，如图 3-6-93、图 3-6-94 所示。平行于袖肥线，距离袖肥线 15cm 做袖肘线，如图 3-6-95、图 3-6-96 所示。

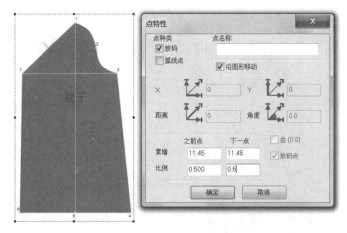

图3-6-86　后袖山加辅助点 1

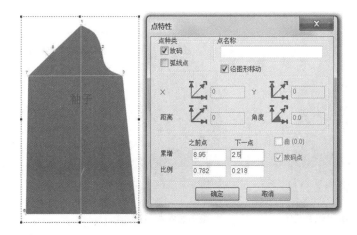

图3-6-87　后袖山加辅助点 2

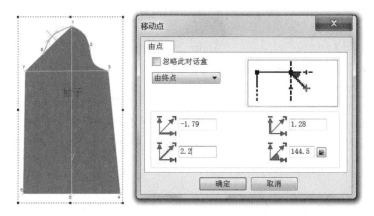

图3-6-88　调整后袖山弧线 1

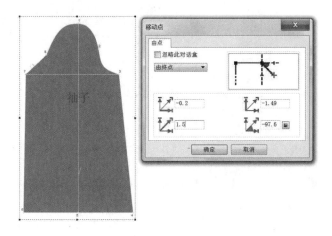

图3-6-89　调整后袖山弧线 2

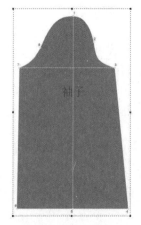

图3-6-90　调整后袖山弧线 3

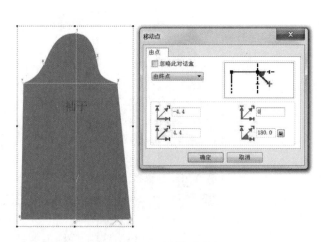

图3-6-91　调整后袖口 1

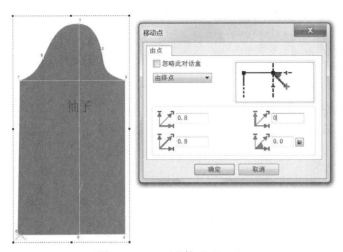
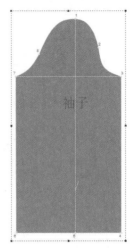

图3-6-92 调整后袖口 2　　　　　图3-6-93 前后袖肥中点画线 1

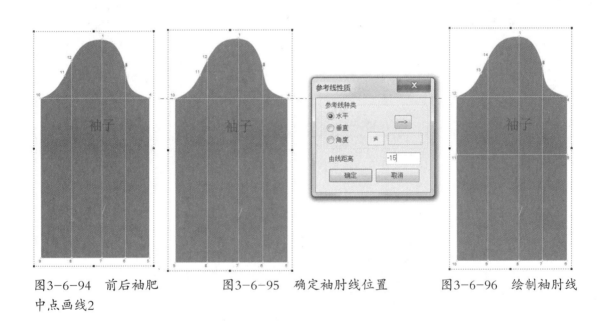

图3-6-94 前后袖肥
中点画线2　　　　　图3-6-95 确定袖肘线位置　　　　　图3-6-96 绘制袖肘线

（23）利用 草图 (D) 工具画前袖缝辅助线、大袖前袖缝完成线，利用 延长内部 (E) 工具，将大袖前袖缝线延长到袖窿。选择 建立平行 (P) 工具，将大袖前袖缝向左侧平行 5cm 移动复制，绘出小袖前袖缝，如图 3-6-97 ～图 3-6-106 所示。

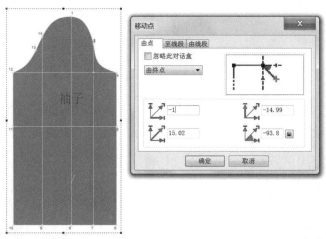

图3-6-97　绘制前袖缝辅助线 1

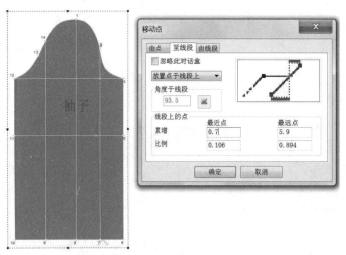

图3-6-98　绘制前袖缝辅助线 2

图3-6-99　绘制前袖缝辅助线 3

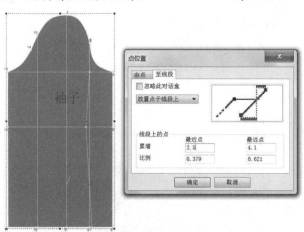

图3-6-100　绘制前袖缝辅助线 4

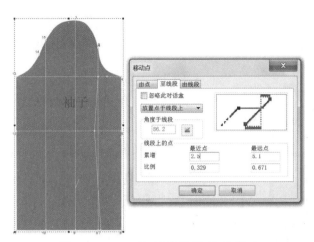

图3-6-101 绘制前袖缝辅助线 5

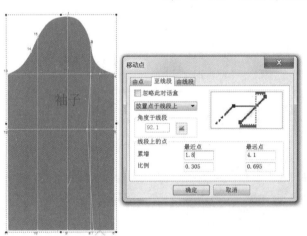

图3-6-102 绘制前袖缝辅助线 6

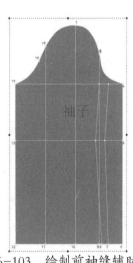

图3-6-103 绘制前袖缝辅助线 7

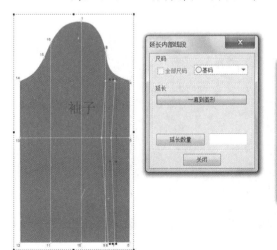

图3-6-104 绘制前袖缝辅助线 8

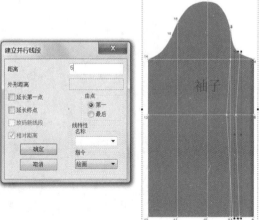

图3-6-105 绘制前袖缝辅助线 9

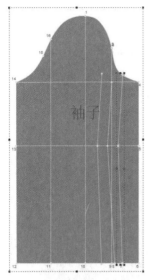

图3-6-106　绘制前袖缝辅助线 10

（24）距离袖口线下 2cm 处做参考线,如图 3-6-107、图 3-6-108 所示。利用 圆形 (Ctrl+Alt+C) 工具,以点 7 为圆心, 做半径 12.5cm 的圆,选择 草图 (D) 工具,连接点 7 和圆与参考线的交点,如图 3-6-109、图 3-6-110 所示。利用 草图 (D) 工具绘制大袖后袖缝,并利用 延长内部 (E) 工具延长到袖窿,按住 Shift+ 移动点 (M) 工具,修顺大袖后袖缝,用同样的方法绘制小袖后袖缝, 如图 3-6-111 ～图 3-6-115 所示。用 草图 (D) 工具画出小袖袖窿弧线,如图3-6-116所示。

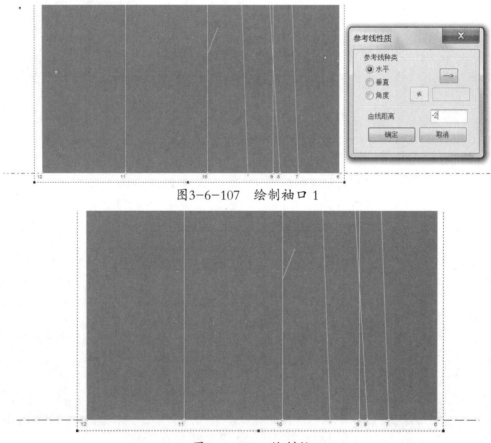

图3-6-107　绘 制 袖 口 1

图3-6-108　绘 制 袖 口 2

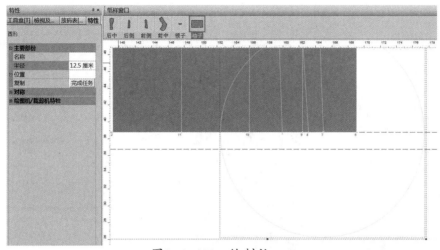

图3-6-109　绘制袖口 3

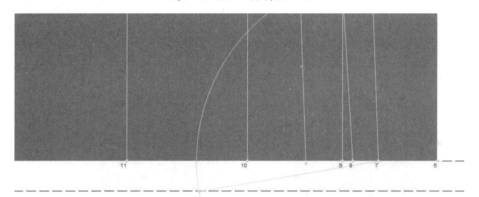

图3-6-110　绘制袖口 4

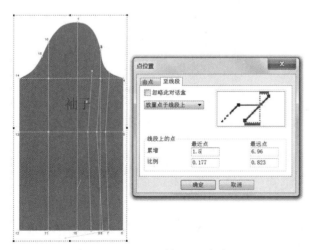

图3-6-111　绘制后袖缝线 1

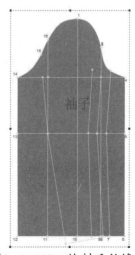

图3-6-112　绘制后袖缝线 2

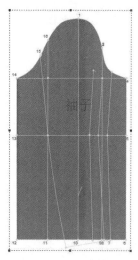
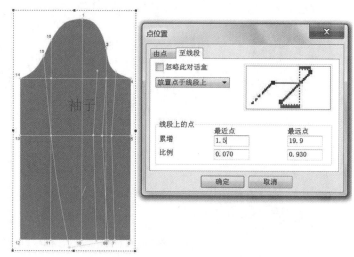

图3-6-113　绘制后袖缝线 3　　　　　　　　图3-6-114　绘制后袖缝线 4

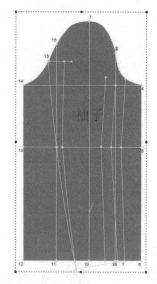
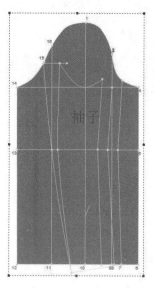

图3-6-115　绘制后袖缝线 5　　　图3-6-116　绘制小袖袖窿线

（25）移动袖口各点，完成袖口，如图 3-6-117 所示。利用 　描绘线段 (Ctrl+B) 工具，按顺时针依次选择小袖外轮廓线，如图 3-6-118 所示，生成小袖纸样，如图 3-6-119 所示，并将小袖移出，在特性里修改名称、数量等，如图 3-6-120 所示。利用同样的方法生成大袖，并修改其特性，如图 3-6-121、图 3-6-122 所示。

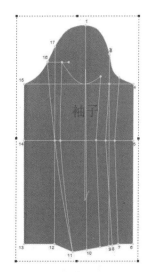

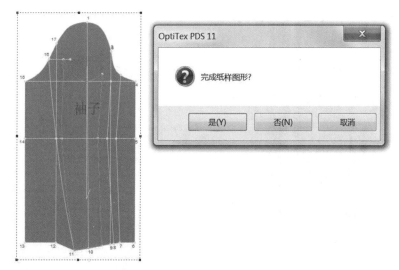

图3-6-117　调整袖口 図3-6-118　描绘小袖外轮廓

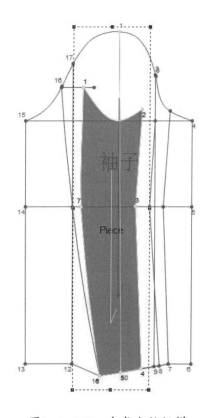

图3-6-119　生成小袖纸样

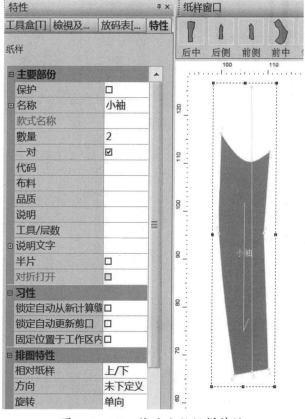

图3-6-120　修改小袖纸样特性

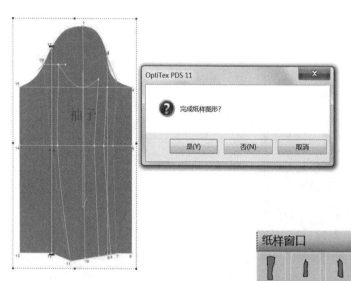

图3-6-121　描绘大袖外轮廓

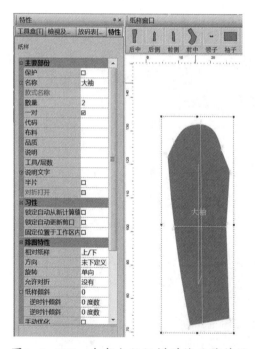

图3-6-122　生成大袖纸样并修改其特性

（26）利用 缝份(S) 工具，为
全部样片加缝份，完成连立领胸前打
褶女上衣的绘制。如图3-6-123所示。

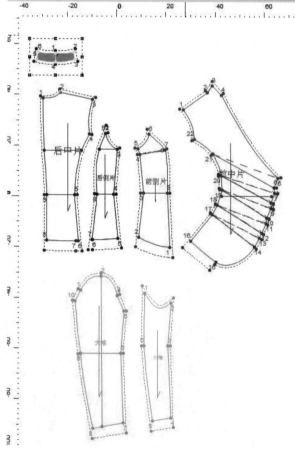

图3-6-123　连立领胸前打褶女上衣纸样完成

202

第四章　PGM放码工具介绍及实例操作

第一节　放码工具介绍

PGM 服装 CAD 的放码部分即放码推档系统拥有多种放码方式，如点放码、角度放码等，可以依次对每个放码点进行放码，也可通过复制、黏贴工具，将放码值复制到具有相同放码值的放码点上。下面就每个放码工具的功能及操作说明进行简单介绍。

1. 之前点

功能：使用此工具来选中从当前放码点沿着逆时针方向的下一个放码点，而无需使用鼠标来选取放码点。

操作说明：对已知放码点放完码之后，选择该工具，则选中工作区中的放码纸样上逆时针方向的下一放码点，如图 4-1-1、图 4-1-2 所示。

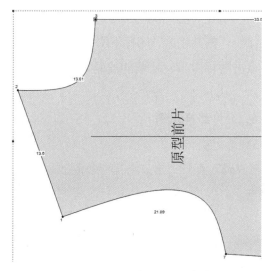

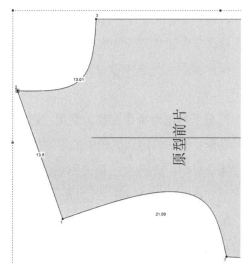

图4-1-1 "之前点"操作前　　　　　　　图4-1-2 "之前点"操作后

2. 复制放码

功能：使用该工具可以将选定的放码点 X 轴和 Y 轴的放码值添加到 Windows 剪贴板上。

操作说明：先点击待复制的放码点，再点击图标工具，X 轴和 Y 轴的放码量则被黏贴到剪贴板上，直到另外的复制点被选中复制。通常，这是从一点复制放码值至另一点黏贴的第一步。

3. 黏贴 X & Y 放码值

功能：使用该工具可以将上一步已复制的放码点 X 轴和 Y 轴的放码值黏贴到欲复制放码值的点上。此工具需在"复制放码"命令后使用。

操作说明：先选中欲复制放码值的点，再点击图标工具，X 轴和 Y 轴的放码量则被黏贴到该点上。

4. 黏贴 X 放码值

功能：使用该工具可以将已复制的放码点 X 轴的放码值黏贴到欲复制放码值的点上。此工具需在"复制放码"命令后使用。

操作说明：先选中欲复制放码值的点，再点击图标工具，X 轴的放码量则被黏贴到该点上。

5. 黏贴 Y 放码值

功能：使用该工具可以将已复制的放码点 Y 轴的放码值黏贴到欲复制放码值的点上。此工具需在"复制放码"命令后使用。

操作说明：先选中欲复制放码值的点，再点击图标工具，Y 轴的放码量则被黏贴到该点上。

6. 黏贴相关

功能：使用该工具可自动地将选定的放码值的上、下、左、右的放码值黏贴到对应点上。对应放码包含正负方向的放码值。该工具被激活时，"黏贴相关"图标下凹呈选取状态。

操作说明：先选中欲复制放码值的点，再点击图标工具，复制的放码量则被黏贴到该点上。

7. 显示内部对象范围盒，使用"选择"工具，允许纸样比例

功能：将一特定点的轮廓的平均放码值黏贴到选定点。

操作说明：先选中已知放码点，点击"复制放码"工具，再点击需要复制放码值的点，则将已知点 X 轴和 Y 轴的平均放码值黏贴到该点。

8. 下一点

功能：使用此工具来选中从当前放码点沿着顺时针方向的下一个放码点，而无需使用鼠标来选取放码点。

操作说明：对已知放码点放完码之后，选择该工具，则选中工作区中的放码纸样上顺时针方向的下一放码点。

9. 放码功能

点击此工具，会弹出一个子菜单，包含尺码表、复制放码等。

● 尺码表

功能：该工具主要用于建立和编辑尺码。

操作说明：点击该工具后，弹出"尺码表"对话框，通过"插入尺码"按钮添加尺码，并按实际要求编辑尺码的颜色、名称、线种类、厚度、基码等。如需在已有尺码的上方添加一个尺码，则先选中该尺码，再点击"插入尺码"即可；如需在已有尺码的下方添加一个尺码，则先选中该尺码，再点击"附加尺码"即可，如图 4-1-3 所示。

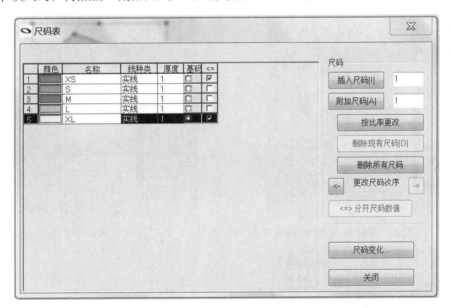

图4-1-3　尺码表对话框

10. 角度

功能：切换放码时 X、Y 的角度模式。

操作说明：举例说明，如袖子的袖肥两端点放码，因为该两点的放码方向是沿着袖山斜线方向，所以需要改变 X、Y 的坐标轴方向，如图 4-1-4、图 4-1-5 所示。在左侧放码表工具栏下的文字框中通过上下箭头来改变 X、Y 的坐标轴方向，如图 4-1-6、图 4-1-7 所示。最后在 dx 栏中输入改变方向后的移动值，如图 4-1-8 所示，则袖肥端点完成放码，如图 4-1-9 所示。

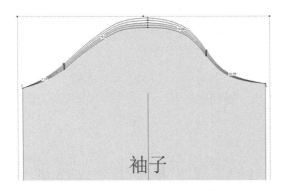

图4-1-4　袖肥两端点的放码

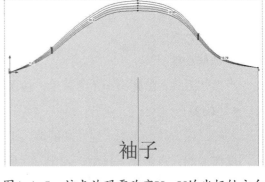

图4-1-5　该点放码需改变X、Y的坐标轴方向

图4-1-6　改变X、Y的坐标轴方向文字框

图4-1-7　改变X、Y的坐标轴方向

图4-1-8　在dx栏中输入移动值

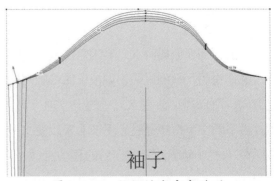

图4-1-9　袖肥端点完成放码

11. 绝对值

功能：用于显示纸样的放码点所推号型之间的绝对差值。

操作说明：点击"绝对值"按钮，则"尺寸表"中显示该放码点所推号型之间的绝对差值，如图 4-1-10、图 4-1-11 所示。

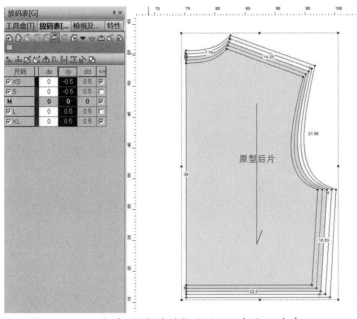

图4-1-10　点击"绝对值"按钮之前的尺寸表显示

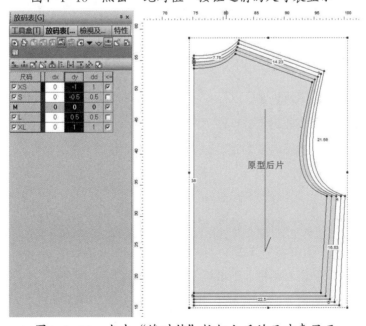

图4-1-11　点击"绝对值"按钮之后的尺寸表显示

12. 按比例放码

功能：按比例放码用于曲线纸样轮廓的放码，例如，可用于圆摆衬衫的下摆或荷叶边。

操作说明：先选取"按比例放码"工具。

先点击放码第一点，在下图例中，指＃1点。

再点击放码最后一点，在下图例中，指＃3点。

最后点击按比例放码的点，在下图例中，指＃2点，如图 4-1-12、图 4-1-13 所示。

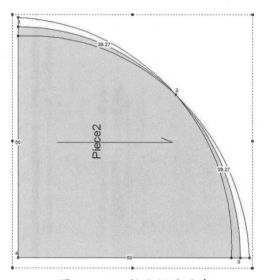

图 4-1-12　按比例放码前

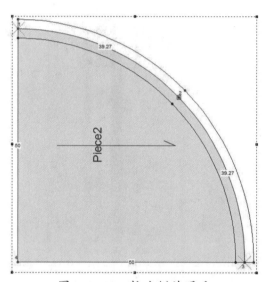

图 4-1-13　按比例放码后

13. 清除放码

功能：使选定点的放码值为零。

操作说明：选择某一个放码点，点击"清除放码"工具，则该点的放码值变为零。

14. 排点

功能：将所有放码后的纸样按照 X 轴或 Y 轴方向重叠在某一点上，此点称为"叠图点"。

操作说明：先选中需要对齐的点，再点击"排点"工具，设置弹出对话框，则纸样便按照所选择的对齐点进行对齐，如图 4-1-14、图 4-1-15 所示。

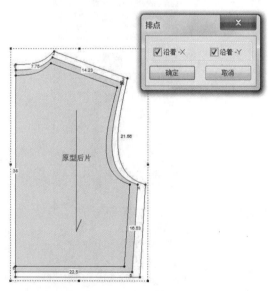

图 4-1-14　设置排点对话框

15. 移动点

功能：在放码表工具盒下面对纸样上的点进行任意方向的移动。同移动工具盒下的移动点工具。

操作说明：选择需要移动的点，拖动到需要移动的位置，设置对话框，确定后完成该操作。

16. 沿着尺码移动

功能：在放码表工具盒下面对纸样上的点进行沿着纸样外轮廓方向的移动。同移动工具盒下的沿着尺码移动工具。

操作说明：选择需要移动的点，拖动到需要移动的位置，设置对话框，确定后完成该操作。

17. 按比例移动尺码

功能：在放码表工具盒下面对纸样上的轮廓线进行按比例的移动。同移动工具盒下的按比例移动工具。

操作说明：先选择移动轮廓线上的第一点，再选择该线上的最后一点，拖动该线上任意一点进行移动，则完成该操作。

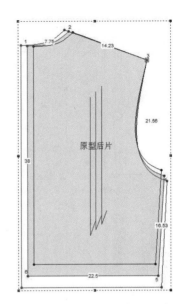

图4-1-15　完成排点操作

18. 按平行移动尺码

功能：在放码表工具盒下面对纸样上的轮廓线进行按平行方向的移动。同移动工具盒下的移动固定线段（平行移动）工具。

操作说明：先选择移动轮廓线上的第一点，再选择该线上的最后一点，拖动该线上任意一点进行移动，则完成该操作。

19. 按矩形移动尺码

功能：用于将放完码的纸样分开放置。

操作说明：点击"按矩形移动尺码"，框选住需要分开的放码纸样，分别选择需要移动的纸样上的点，拖动到新的位置，分别设置相应的移动对话框，点击确定完成该操作，如图 4-1-16、图 4-1-17 所示。

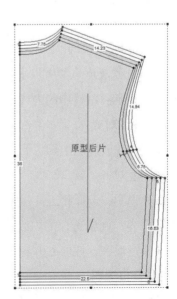

图4-1-16　按矩形移动尺码操作前

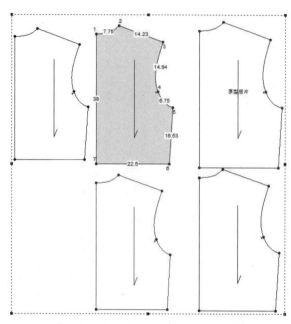

图4-1-17　按矩形移动尺码操作后

20. 对齐点

功能：在放码表工具盒下面用于将纸样上的点与所选第一点按设定对齐位置。同移动工具盒下的对齐点工具。

操作说明：选择此工具，按顺时针依次选择一段线段的两端点，设置弹出对话框，确定后完成对齐。

21. 由垂直对齐尺码

功能：在放码表工具盒下面用于内部、点、纸样的垂直对齐。同移动工具盒下的垂直对齐工具。

操作说明：选择此工具，先选择对齐参考点，将需要对齐的内线及点拉入矩形框内，则框选住的内线及点与参考点垂直对齐。按住 Shift 键点击纸样上的点，则纸样垂直对齐，按住 Ctrl 键，则将纸样中的内线单点垂直对齐。

22. 由水平对齐尺码

功能：在放码表工具盒下面用于内部、点、纸样的水平对齐。同移动工具盒下的水平对齐工具。

操作说明：选择此工具，先选择对齐参考点，将需要对齐的内线及点拉入矩形框内，则框选住的内线及点与参考点水平对齐。按住 Shift 键点击纸样上的点，则纸样水平对齐，按住 Ctrl 键，则将纸样中的内线单点水平对齐。

23. 按线对齐

功能：在放码表工具盒下面用于内部、点、纸样的按所选线的角度对齐。同移动工具盒下的按角度对齐工具。

操作说明：选择此工具，先选择需对齐角度的参考线两端点，将需要对齐的内线及点拉入矩形框内，则框选住的内线及点与参考线按角度对齐。按住 Shift 键点击纸样上的点，则纸样按角度对齐，按住 Ctrl 键，则将纸样中的内线单点按角度对齐。

24. 剪口放码

功能：用于对纸样上的剪口进行放码。

操作说明：先在纸样上做出剪口，点击"剪口放码"工具，先选择需要放码的剪口，如图 4-1-18 所示，再选择该剪口的移动参照点，如图 4-1-19 所示，则弹出剪口放码对话框，设置对话框中的剪口距离，点击"采用"即完成了该剪口的放码，如图 4-1-20 所示。

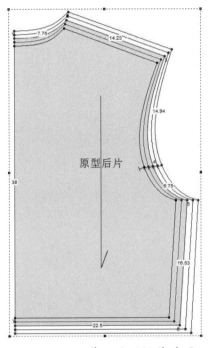

图4-1-18　剪口放码操作前图

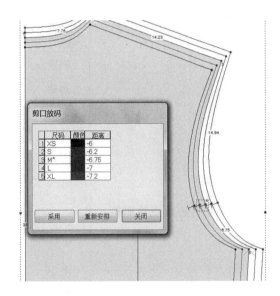

图4-1-19　设置剪口放码对话框

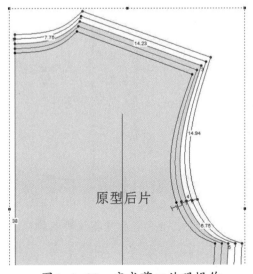

图4-1-20　完成剪口放码操作

第二节　男衬衫推板

一、男衬衫各部位档差

单位：cm

部位	档差
领围	1
衣长	2
胸围	4
肩宽	1.2
袖长	1.5
袖头	1
袖肥	1

二、男衬衫样片各放码点放码值

如图 4-2-1 ～图 4-2-5 所示（单位：cm）。

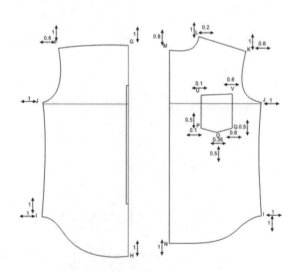

图4-2-1　前后片各放码点放码值

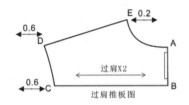

图4-2-2　过肩各放码点放码值

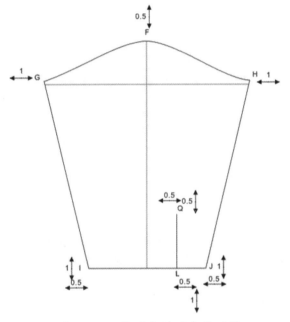

图4-2-3　袖子各放码点放码值

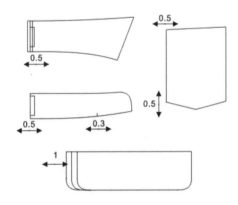

图4-2-4　零部件各放码点放码值

三、男衬衫放码步骤

1. 建立尺码表

打开放码表工具盒，点击 ▾ 工具，打开"尺码表"对话框，添加尺码并修改名称，其中"插入尺码"是在已有尺码上方添加，"附加尺码"是在已有尺码下方添加。还可修改尺码的颜色及线种类。设定推板基码，可以是中间码，也可以是大小码，本案例以 M 码为基码，如图 4-2-6、图 4-2-7 所示。

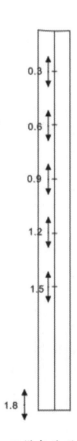

图4-2-5　门襟各放码点放码值

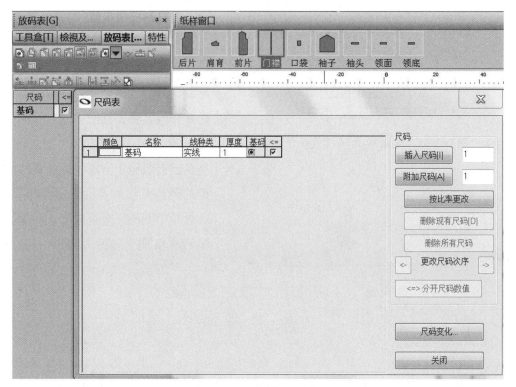

图4-2-6　设置尺码表 1

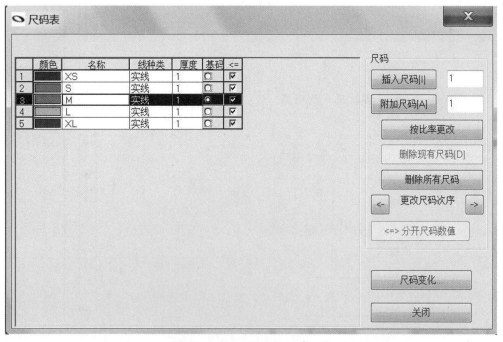

图4-2-7　设置尺码表 2

2. 以点放码的原则进行放码点的依次推放

如图 4-2-8 ~图 4-2-52 所示。

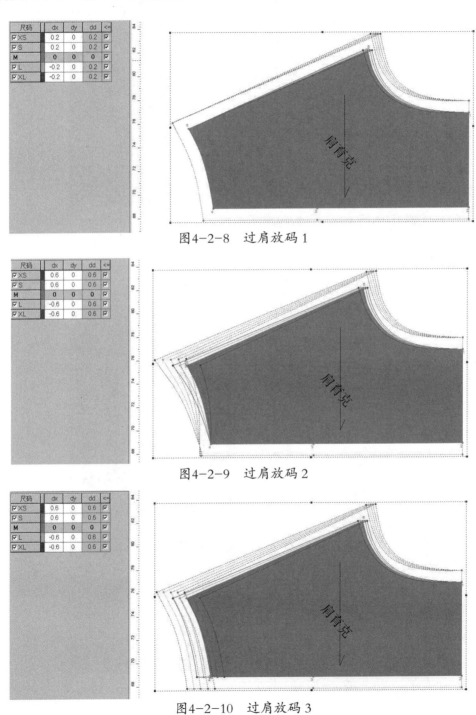

尺码	dx	dy	dd	<=
☑ XS	0.2	0	0.2	☑
☑ S	0.2	0	0.2	☑
M	0	0	0	☑
☑ L	-0.2	0	0.2	☑
☑ XL	-0.2	0	0.2	☑

图4-2-8　过肩放码1

尺码	dx	dy	dd	<=
☑ XS	0.6	0	0.6	☑
☑ S	0.6	0	0.6	☑
M	0	0	0	☑
☑ L	-0.6	0	0.6	☑
☑ XL	-0.6	0	0.6	☑

图4-2-9　过肩放码2

尺码	dx	dy	dd	<=
☑ XS	0.6	0	0.6	☑
☑ S	0.6	0	0.6	☑
M	0	0	0	☑
☑ L	-0.6	0	0.6	☑
☑ XL	-0.6	0	0.6	☑

图4-2-10　过肩放码3

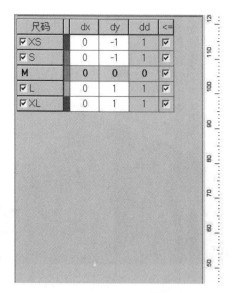
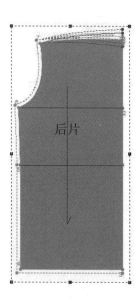

图4-2-11　后片放码1

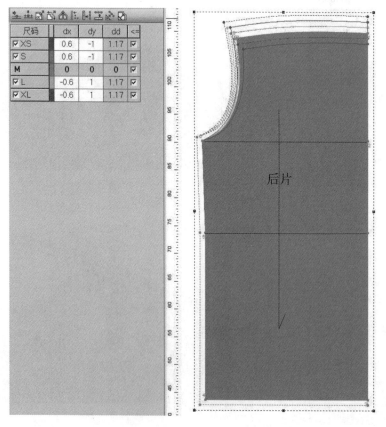

图4-2-12　后片放码2

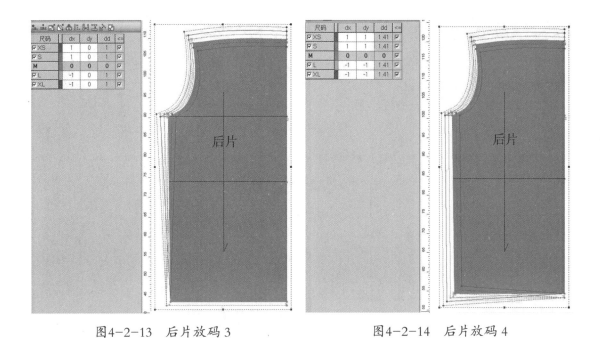

图4-2-13 后片放码3 图4-2-14 后片放码4

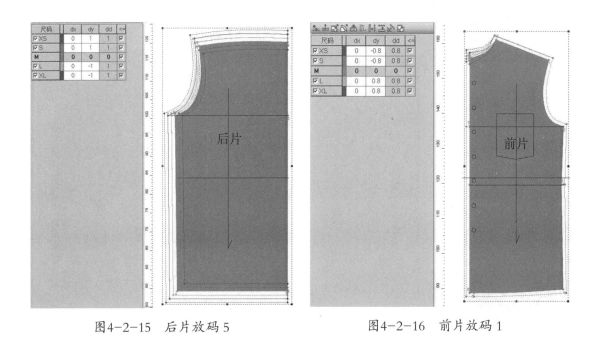

图4-2-15 后片放码5 图4-2-16 前片放码1

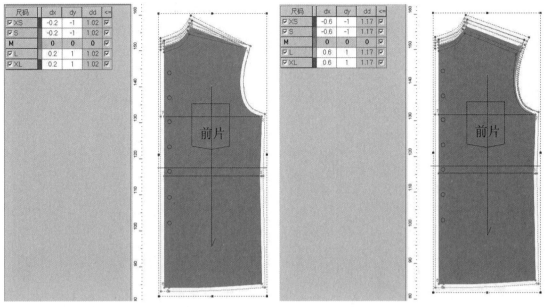

尺码	dx	dy	dd	<=
☑ XS	-0.2	-1	1.02	☑
☑ S	-0.2	-1	1.02	☑
M	0	0	0	☑
☑ L	0.2	1	1.02	☑
☑ XL	0.2	1	1.02	☑

图4-2-17　前片放码2

尺码	dx	dy	dd	<=
☑ XS	-0.6	-1	1.17	☑
☑ S	-0.6	-1	1.17	☑
M	0	0	0	☑
☑ L	0.6	1	1.17	☑
☑ XL	0.6	1	1.17	☑

图4-2-18　前片放码3

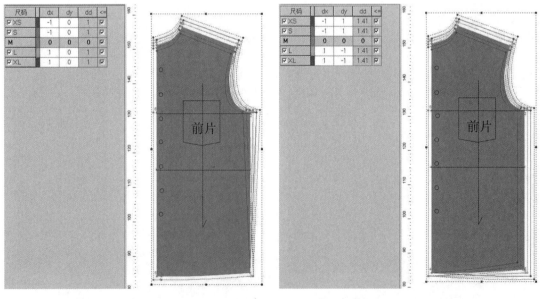

尺码	dx	dy	dd	<=
☑ XS	-1	0	1	☑
☑ S	-1	0	1	☑
M	0	0	0	☑
☑ L	1	0	1	☑
☑ XL	1	0	1	☑

图4-2-19　前片放码4

尺码	dx	dy	dd	<=
☑ XS	-1	1	1.41	☑
☑ S	-1	1	1.41	☑
M	0	0	0	☑
☑ L	1	-1	1.41	☑
☑ XL	1	-1	1.41	☑

图4-2-20　前片放码5

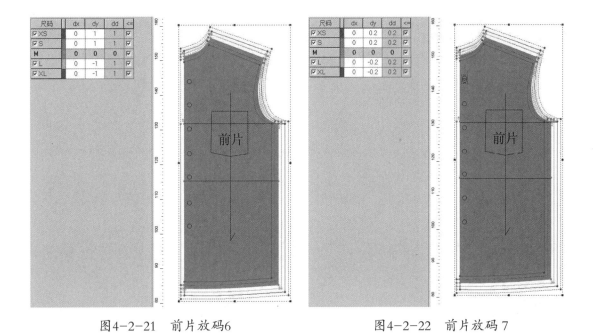

尺码	dx	dy	dd	<=
☑XS	0	1	1	☑
☑S	0	1	1	☑
M	0	0	0	☑
☑L	0	-1	1	☑
☑XL	0	-1	1	☑

图4-2-21　前片放码6

尺码	dx	dy	dd	<=
☑XS	0	0.2	0.2	☑
☑S	0	0.2	0.2	☑
M	0	0	0	☑
☑L	0	-0.2	0.2	☑
☑XL	0	-0.2	0.2	☑

图4-2-22　前片放码 7

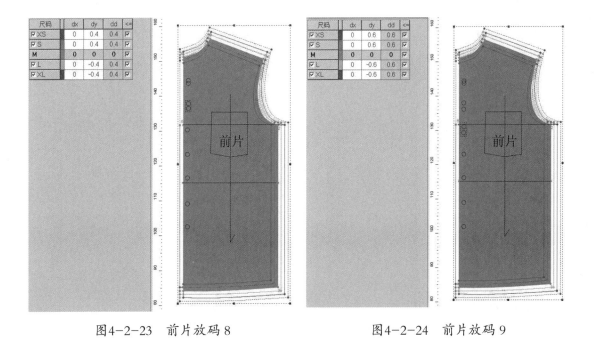

尺码	dx	dy	dd	<=
☑XS	0	0.4	0.4	☑
☑S	0	0.4	0.4	☑
M	0	0	0	☑
☑L	0	-0.4	0.4	☑
☑XL	0	-0.4	0.4	☑

图4-2-23　前片放码 8

尺码	dx	dy	dd	<=
☑XS	0	0.6	0.6	☑
☑S	0	0.6	0.6	☑
M	0	0	0	☑
☑L	0	-0.6	0.6	☑
☑XL	0	-0.6	0.6	☑

图4-2-24　前片放码 9

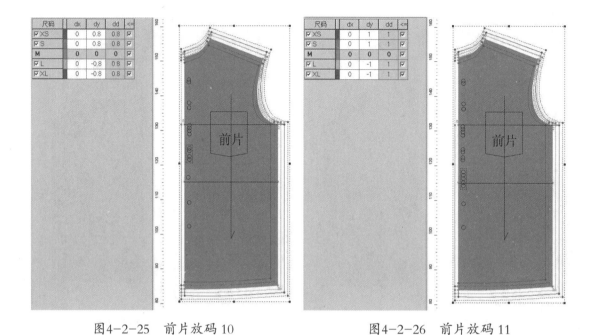

尺码	dx	dy	dd	<=
☑XS	0	0.8	0.8	☑
☑S	0	0.8	0.8	☑
M	**0**	**0**	**0**	☑
☑L	0	-0.8	0.8	☑
☑XL	0	-0.8	0.8	☑

尺码	dx	dy	dd	<=
☑XS	0	1	1	☑
☑S	0	1	1	☑
M	**0**	**0**	**0**	☑
☑L	0	-1	1	☑
☑XL	0	-1	1	☑

图4-2-25　前片放码10　　　　　图4-2-26　前片放码11

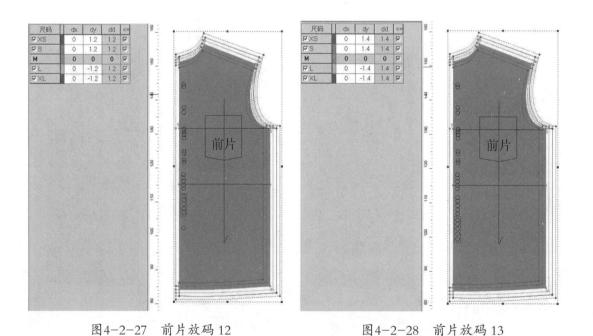

尺码	dx	dy	dd	<=
☑XS	0	1.2	1.2	☑
☑S	0	1.2	1.2	☑
M	**0**	**0**	**0**	☑
☑L	0	-1.2	1.2	☑
☑XL	0	-1.2	1.2	☑

尺码	dx	dy	dd	<=
☑XS	0	1.4	1.4	☑
☑S	0	1.4	1.4	☑
M	**0**	**0**	**0**	☑
☑L	0	-1.4	1.4	☑
☑XL	0	-1.4	1.4	☑

图4-2-27　前片放码12　　　　　图4-2-28　前片放码13

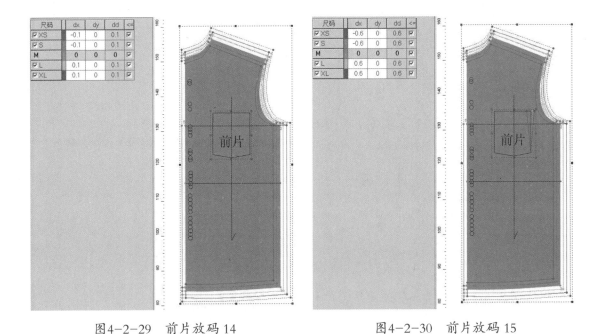

尺码	dx	dy	dd	<=
☑XS	-0.1	0	0.1	☑
☑S	-0.1	0	0.1	☑
M	0	0	0	☑
☑L	0.1	0	0.1	☑
☑XL	0.1	0	0.1	☑

图4-2-29　前片放码 14

尺码	dx	dy	dd	<=
☑XS	-0.6	0	0.6	☑
☑S	-0.6	0	0.6	☑
M	0	0	0	☑
☑L	0.6	0	0.6	☑
☑XL	0.6	0	0.6	☑

图4-2-30　前片放码 15

尺码	dx	dy	dd	<=
☑XS	-0.6	0.5	0.78	☑
☑S	-0.6	0.5	0.78	☑
M	0	0	0	☑
☑L	0.6	-0.5	0.78	☑
☑XL	0.6	-0.5	0.78	☑

图4-2-31　前片放码 16

尺码	dx	dy	dd	<=
☑XS	-0.35	0.5	0.61	☑
☑S	-0.35	0.5	0.61	☑
M	0	0	0	☑
☑L	0.35	-0.5	0.61	☑
☑XL	0.35	-0.5	0.61	☑

图4-2-32　前片放码 17

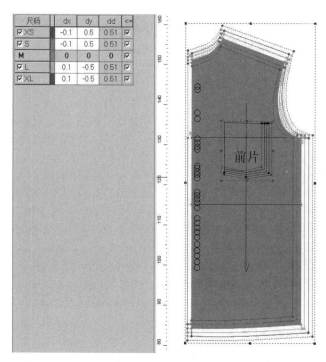

尺码	dx	dy	dd	<=
☑ XS	-0.1	0.5	0.51	☑
☑ S	-0.1	0.5	0.51	☑
M	**0**	**0**	**0**	☑
☑ L	0.1	-0.5	0.51	☑
☑ XL	0.1	-0.5	0.51	☑

图4-2-33　前片放码 18

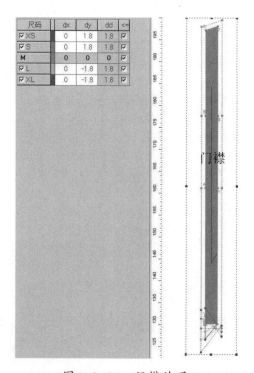

尺码	dx	dy	dd	<=
☑ XS	0	1.8	1.8	☑
☑ S	0	1.8	1.8	☑
M	**0**	**0**	**0**	☑
☑ L	0	-1.8	1.8	☑
☑ XL	0	-1.8	1.8	☑

图4-2-34　门襟放码 1

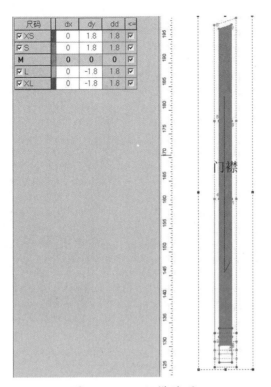

尺码	dx	dy	dd	<=
☑XS	0	1.8	1.8	☑
☑S	0	1.8	1.8	☑
M	**0**	**0**	**0**	☑
☑L	0	-1.8	1.8	☑
☑XL	0	-1.8	1.8	☑

图 4-2-35　门襟放码 2

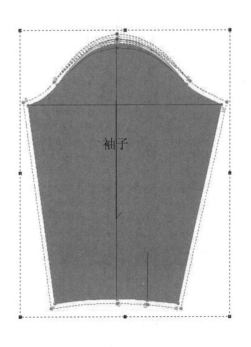

尺码	dx	dy	dd	<=
☑XS	0	-0.5	0.5	☑
☑S	0	-0.5	0.5	☑
M	**0**	**0**	**0**	☑
☑L	0	0.5	0.5	☑
☑XL	0	0.5	0.5	☑

图 4-2-36　袖子放码 1

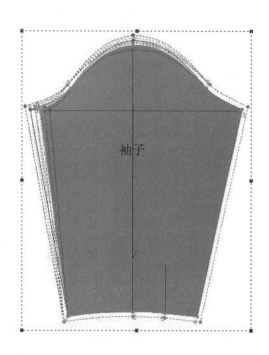

尺码	dx	dy	dd	<=
☑XS	1	0	1	☑
☑S	1	0	1	☑
M	0	0	0	☑
☑L	-1	0	1	☑
☑XL	-1	0	1	☑

图4-2-37　袖子放码 2

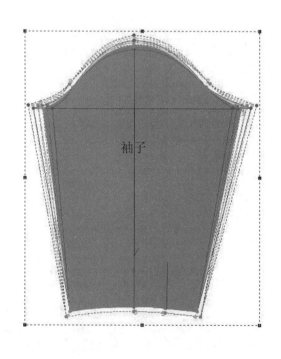

尺码	dx	dy	dd	<=
☑XS	-1	0	1	☑
☑S	-1	0	1	☑
M	0	0	0	☑
☑L	1	0	1	☑
☑XL	1	0	1	☑

图4-2-38　袖子放码 3

尺码	dx	dy	dd	<=
☑XS	0.5	1	1.12	☑
☑S	0.5	1	1.12	☑
M	0	0	0	☑
☑L	-0.5	-1	1.12	☑
☑XL	-0.5	-1	1.12	☑

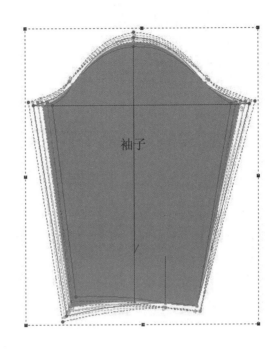

图4-2-39　袖子放码 4

尺码	dx	dy	dd	<=
☑XS	-0.5	1	1.12	☑
☑S	-0.5	1	1.12	☑
M	0	0	0	☑
☑L	0.5	-1	1.12	☑
☑XL	0.5	-1	1.12	☑

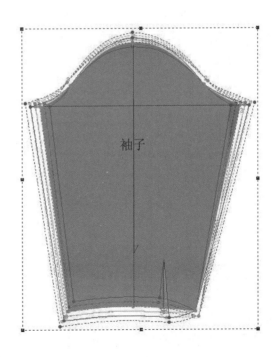

图4-2-40　袖子放码 5

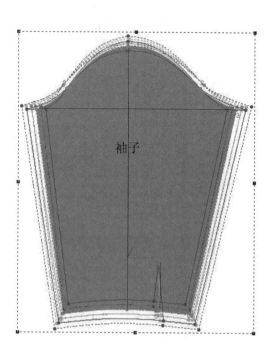

尺码	dx	dy	dd	<=
☑XS	-0.5	1	1.12	☑
☑S	-0.5	1	1.12	☑
M	0	0	0	☑
☑L	0.5	-1	1.12	☑
☑XL	0.5	-1	1.12	☑

图4-2-41　袖子放码6

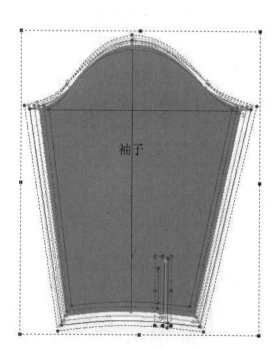

尺码	dx	dy	dd	<=
☑XS	-0.5	-0.5	0.71	☑
☑S	-0.5	-0.5	0.71	☑
M	0	0	0	☑
☑L	0.5	0.5	0.71	☑
☑XL	0.5	0.5	0.71	☑

图4-2-42　袖子放码7

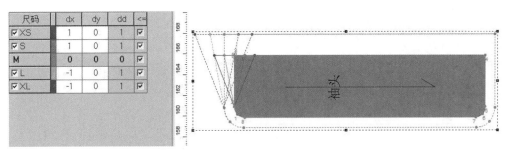

图4-2-43　袖头放码 1

尺码	dx	dy	dd	<=
☑XS	1	0	1	☑
☑S	1	0	1	☑
M	0	0	0	☑
☑L	-1	0	1	☑
☑XL	-1	0	1	☑

图4-2-44　袖头放码 2

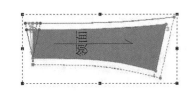

图4-2-45　领子放码 1

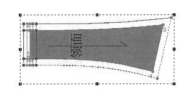

图4-2-46　领子放码 2

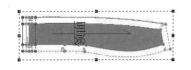

图4-2-47　领子放码 3

尺码	dx	dy	dd	<=
☑XS	0.5	0	0.5	☑
☑S	0.5	0	0.5	☑
M	0	0	0	☑
☑L	-0.5	0	0.5	☑
☑XL	-0.5	0	0.5	☑

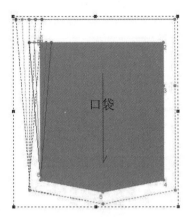

图4-2-48　口袋放码 1

尺码	dx	dy	dd	<=
☑XS	0.5	0.5	0.71	☑
☑S	0.5	0.5	0.71	☑
M	0	0	0	☑
☑L	-0.5	-0.5	0.71	☑
☑XL	-0.5	-0.5	0.71	☑

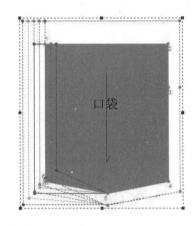

图4-2-49　口袋放码 2

尺码	dx	dy	dd	<=
☑XS	0.25	0.5	0.56	☑
☑S	0.25	0.5	0.56	☑
M	0	0	0	☑
☑L	-0.25	-0.5	0.56	☑
☑XL	-0.25	-0.5	0.56	☑

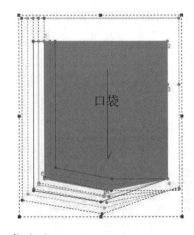

图4-2-50　口袋放码 3

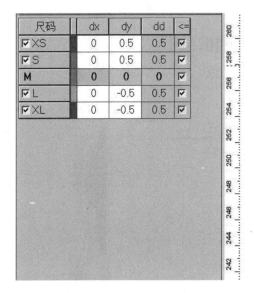
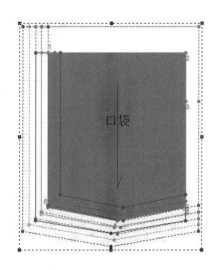

尺码	dx	dy	dd	<=
☑XS	0	0.5	0.5	☑
☑S	0	0.5	0.5	☑
M	**0**	**0**	**0**	☑
☑L	0	-0.5	0.5	☑
☑XL	0	-0.5	0.5	☑

图4-2-51　口袋放码 4

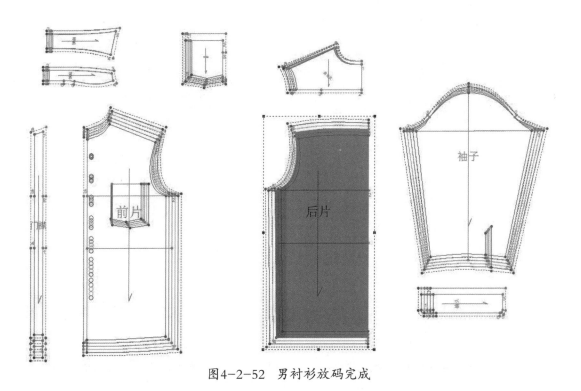

图4-2-52　男衬衫放码完成

第三节　男西裤推板

一、男西裤各部位档差

单位：cm

部位	档差
腰围	2
臀围	1.6
裤长	3
裤口	1
立裆深	0.75

二、男西裤样片各放码点放码值

如图 4-3-1 ~ 图 4-3-3 所示（单位：cm）。

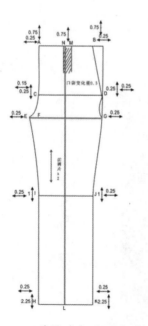

图4-3-1　前裤片各放码点放码值

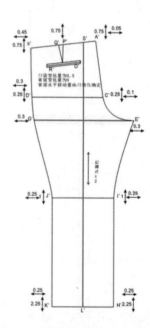

图4-3-2　后裤片各放码点放码值

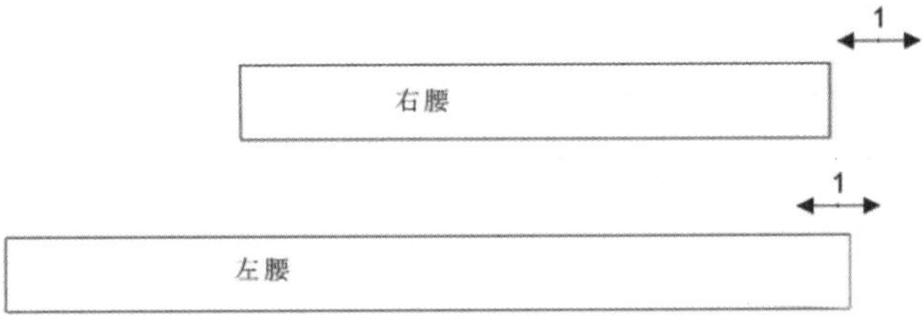

图4-3-3　腰头各放码点放码值

三、男西裤放码步骤

1. 建立尺码表

打开放码表工具盒，点击 工具，打开“尺码表”对话框，添加尺码并修改名称，其中“插入尺码”是在已有尺码上方添加，“附加尺码”是在已有尺码下方添加。还可修改尺码的颜色及线种类。设定推板基码，可以是中间码，也可以是大小码，本案例以 M 码为基码，如图 4-3-4、图 4-3-5 所示。

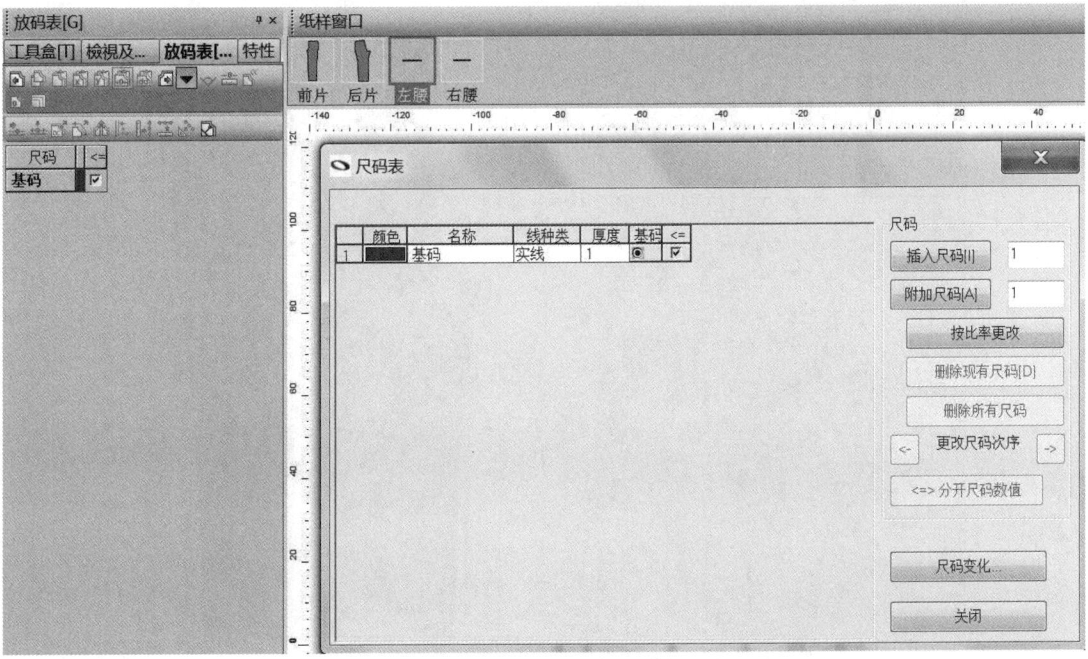

图4-3-4　设置尺码表 1

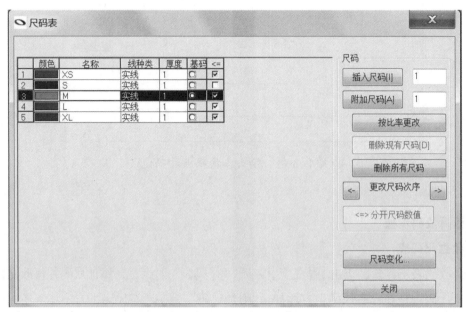

图4-3-5　设置尺码表2

2. 以点放码的原则进行放码点的依次推放

如图 4-3-6 ~图 4-3- 32 所示。

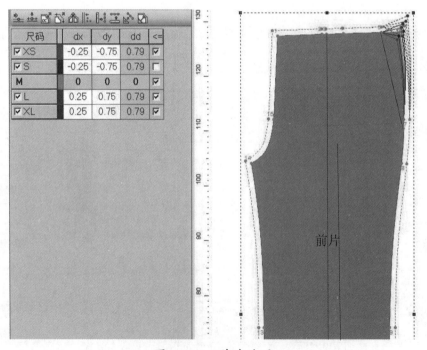

图4-3-6　前片放码1

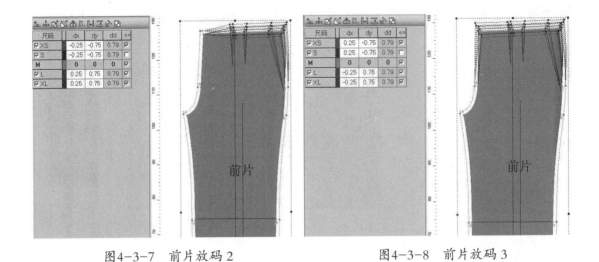

尺码	dx	dy	dd	<=
☑XS	-0.25	-0.75	0.79	☑
☑S	-0.25	-0.75	0.79	☐
M	0	0	0	☑
☑L	0.25	0.75	0.79	☑
☑XL	0.25	0.75	0.79	☑

图4-3-7 前片放码2

尺码	dx	dy	dd	<=
☑XS	0.25	-0.75	0.79	☑
☑S	0.25	-0.75	0.79	☐
M	0	0	0	☑
☑L	-0.25	0.75	0.79	☑
☑XL	-0.25	0.75	0.79	☑

图4-3-8 前片放码3

尺码	dx	dy	dd	<=
☑XS	0.15	-0.25	0.29	☑
☑S	0.15	-0.25	0.29	☐
M	0	0	0	☑
☑L	-0.15	0.25	0.29	☑
☑XL	-0.15	0.25	0.29	☑

图4-3-9 前片放码4

尺码	dx	dy	dd	<=
☑XS	0.25	0	0.25	☑
☑S	0.25	0	0.25	☐
M	0	0	0	☑
☑L	-0.25	0	0.25	☑
☑XL	-0.25	0	0.25	☑

图4-3-10 前片放码5

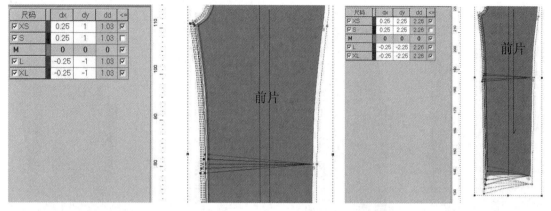

尺码	dx	dy	dd	<=
XS	0.25	1	1.03	☑
S	0.25	1	1.03	☐
M	0	0	0	☑
L	-0.25	-1	1.03	☑
XL	-0.25	-1	1.03	☑

图4-3-11 前片放码6

尺码	dx	dy	dd	<=
XS	0.25	2.25	2.26	☑
S	0.25	2.25	2.26	☐
M	0	0	0	☑
L	-0.25	-2.25	2.26	☑
XL	-0.25	-2.25	2.26	☑

图4-3-12 前片放码7

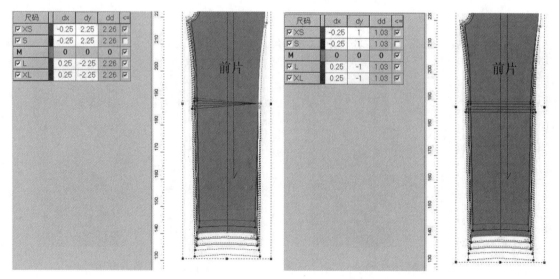

尺码	dx	dy	dd	<=
XS	-0.25	2.25	2.26	☑
S	-0.25	2.25	2.26	☐
M	0	0	0	☑
L	0.25	-2.25	2.26	☑
XL	0.25	-2.25	2.26	☑

图4-3-13 前片放码8

尺码	dx	dy	dd	<=
XS	-0.25	1	1.03	☑
S	-0.25	1	1.03	☐
M	0	0	0	☑
L	0.25	-1	1.03	☑
XL	0.25	-1	1.03	☑

图4-3-14 前片放码9

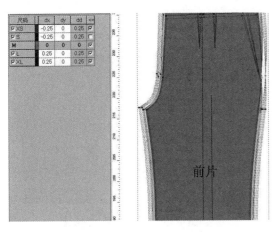

尺码	dx	dy	dd	<=
XS	-0.25	0	0.25	☑
S	-0.25	0	0.25	☐
M	0	0	0	☑
L	0.25	0	0.25	☑
XL	0.25	0	0.25	☑

图4-3-15　前片放码 10

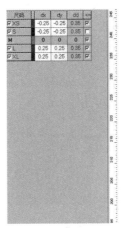
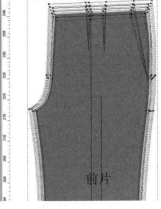

尺码	dx	dy	dd	<=
XS	-0.25	-0.25	0.35	☑
S	-0.25	-0.25	0.35	☐
M	0	0	0	☑
L	0.25	0.25	0.35	☑
XL	0.25	0.25	0.35	☑

图4-3-16　前片放码 11

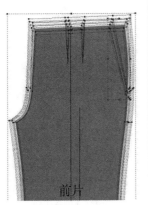

尺码	dx	dy	dd	<=
XS	-0.25	0.25	0.35	☑
S	-0.25	0.25	0.35	☐
M	0	0	0	☑
L	0.25	-0.25	0.35	☑
XL	0.25	-0.25	0.35	☑

图4-3-17　前片放码 12

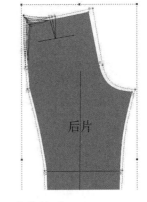

尺码	dx	dy	dd	<=
XS	0.45	-0.75	0.87	☑
S	0.45	-0.75	0.87	☐
M	0	0	0	☑
L	-0.45	0.75	0.87	☑
XL	-0.45	0.75	0.87	☑

图4-3-18　后片放码 1

尺码	dx	dy	dd	<=
XS	0.3	-0.25	0.39	☑
S	0.3	-0.25	0.39	☐
M	0	0	0	☑
L	-0.3	0.25	0.39	☑
XL	-0.3	0.25	0.39	☑

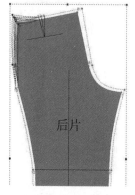

图4-3-19　后片放码2

尺码	dx	dy	dd	<=
XS	0.3	0	0.3	☑
S	0.3	0	0.3	☐
M	0	0	0	☑
L	-0.3	0	0.3	☑
XL	-0.3	0	0.3	☑

图4-3-20　后片放码3

尺码	dx	dy	dd	<=
XS	0.25	1	1.03	☑
S	0.25	1	1.03	☐
M	0	0	0	☑
L	-0.25	-1	1.03	☑
XL	-0.25	-1	1.03	☑

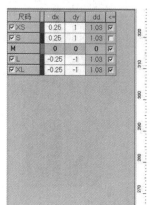

图4-3-21　后片放码4

尺码	dx	dy	dd	<=
XS	0.25	2.25	2.26	☑
S	0.25	2.25	2.26	☐
M	0	0	0	☑
L	-0.25	-2.25	2.26	☑
XL	-0.25	-2.25	2.26	☑

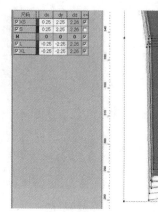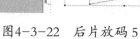

图4-3-22　后片放码5

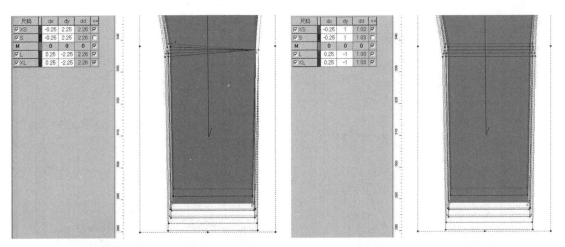

尺码	dx	dy	dd	<=
XS	-0.25	2.25	2.26	☑
S	-0.25	2.25	2.26	☐
M	0	0	0	☑
L	0.25	-2.25	2.26	☑
XL	0.25	-2.25	2.26	☑

图4-3-23　后片放码 6

尺码	dx	dy	dd	<=
XS	-0.25	1	1.03	☑
S	-0.25	1	1.03	☐
M	0	0	0	☑
L	0.25	-1	1.03	☑
XL	0.25	-1	1.03	☑

图4-3-24　后片放码 7

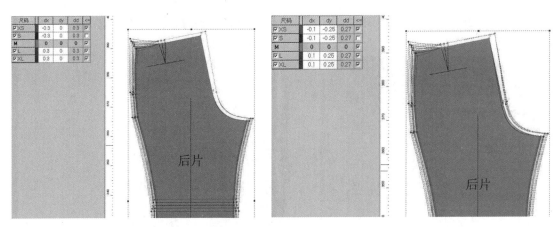

尺码	dx	dy	dd	<=
XS	-0.3	0	0.3	☑
S	-0.3	0	0.3	☐
M	0	0	0	☑
L	0.3	0	0.3	☑
XL	0.3	0	0.3	☑

图4-3-25　后片放码 8

尺码	dx	dy	dd	<=
XS	-0.1	-0.25	0.27	☑
S	-0.1	-0.25	0.27	☐
M	0	0	0	☑
L	0.1	0.25	0.27	☑
XL	0.1	0.25	0.27	☑

图4-3-26　后片放码 9

尺码	dx	dy	dd	<=
☑ XS	-0.05	-0.75	0.75	☑
☑ S	-0.05	-0.75	0.75	☐
M	**0**	**0**	**0**	☑
☑ L	0.05	0.75	0.75	☑
☑ XL	0.05	0.75	0.75	☑

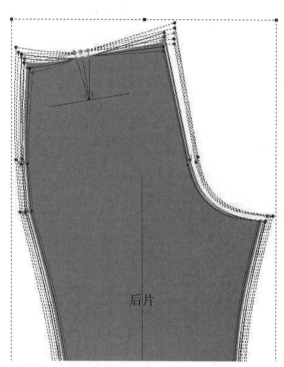

图4-3-27　后片放码10

尺码	dx	dy	dd	<=
☑ XS	0	-0.75	0.75	☑
☑ S	0	-0.75	0.75	☐
M	**0**	**0**	**0**	☑
☑ L	0	0.75	0.75	☑
☑ XL	0	0.75	0.75	☑

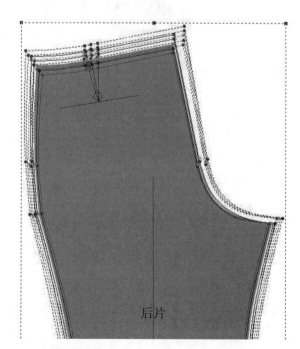

图4-3-28　后片放码11

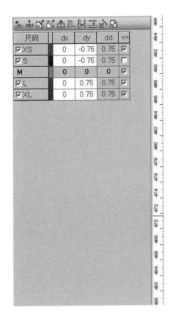
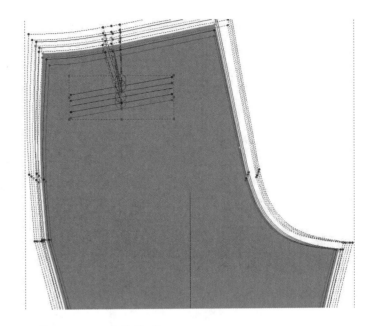

图4-3-29　后片放码 12

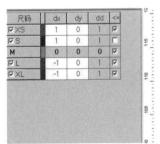
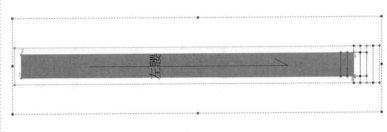

图4-3-30　腰头放码 1

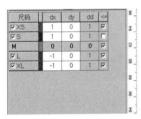
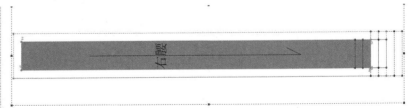

图4-3-31　腰头放码 2

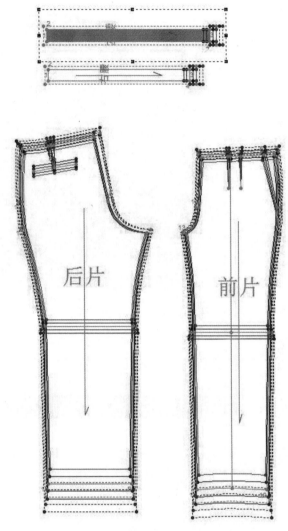

图4-3-32　男西裤纸样放码完成

第五章　3D试衣流程及工具介绍

第一节　3D试衣操作流程介绍

一、先做二维平面纸样

　　二维平面纸样的绘制见第二章操作。绘制完平面纸样后，在"特性"下设置纸样"数量"，如是对称的纸样，则选中"一对"。如图5-1-1所示。

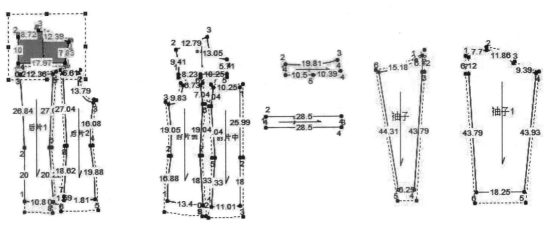

图5-1-1　绘制二维平面纸样

二、打开试衣操作工具盒

　　单击菜单栏"图视"按钮，在下拉菜单中单击"3D窗口"，打开子菜单，选中着色、着色管理员、3D特性和动画工具，则在左侧工具栏出现3D试衣操作工具盒。如图5-1-2所示。

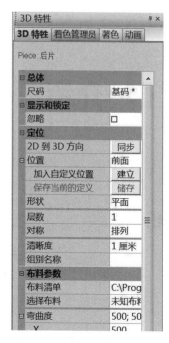

图5-1-2 打开试衣操作工具盒

图5-1-4 选中"缝线"工具

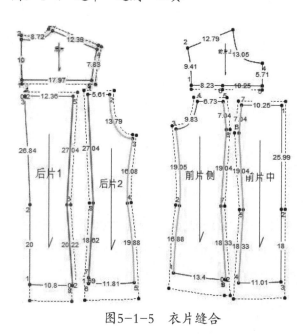

图5-1-5 衣片缝合

三、缝合衣片

通过"检视及选择特性"工具栏将非放码点隐藏。如图 5-1-3 所示。

图5-1-3 隐藏非放码点

（1）选中"3D 试衣"窗口中的"缝线"工具，如图 5-1-4 所示。

（2）通过如下三种方式都可进行衣片的缝合，如图 5-1-5 所示。

① 按住鼠标左键框选，要将两条线全部框选在内。

② 利用鼠标左键分别点选两条线段。

③ 按顺时针方向分别选择两线段端点。

注：如果衣片的外轮廓线需要自己缝合（如下摆、袖口等），则先选中该线，然后在空白处点击鼠标右键即可。

如长短不同的线相缝合，先选短线，再选长线重合点（如长线没有对应点）。

按照长线重合点的位置,如需缝合的长线部分是该重合点的顺时针方向,则点击该线任意处即可;如需缝合的长线部分是该重合点的逆时针方向,则按住 Shift 键,同时点击该线即可。如图 5-1-6 所示。

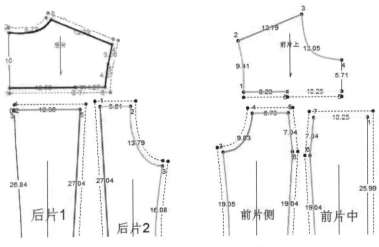

图5-1-6 长短不同的线相缝合

如需要将对称样板中的对称线相缝合,如后中线、扣子等,则先选中该线,再在"3D 特性"中选中繁体的"对称",再在空白处点击右键即可。在进行扣子的缝合时,步骤同上,在选择时,需要单个选择扣子,然后再分别进行上述的操作。如图 5-1-7 所示。

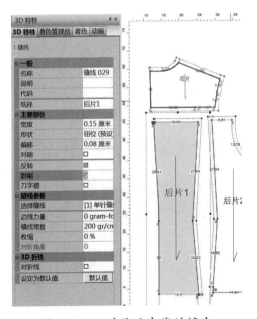

图5-1-7 对称后中线的缝合

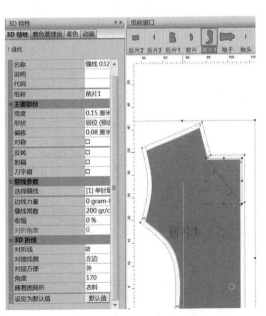

图5-1-8 翻折线的缝合

如衣身有翻折部分，如西装领的驳领，需要对翻折线进行设置。选择缝线工具，选择翻折线，在 3D 特性中选中 3D 折线下面的对折线，设置对折线侧及对折角度等，设置完毕，在空白处点击右键，则该翻折线缝合完毕，如图 5-1-8、图 5-1-9 所示。

所有缝线缝合完后，点右键"隐藏缝线"。因为隐藏缝线后可在 3D 特性中对样板进行操作。

图5-1-9　翻折线穿着后效果图

四、所有线缝合完毕后，在3D特性中设定样板位置

（1）如果衣片是对称样板，则需要按人体着装位置摆放，如图 5-1-10 所示。即衣身竖直，袖子按照左右身水平摆放等。

（2）在"3D 特性"中设置样板的"位置"和"形状"，如图 5-1-11 所示。

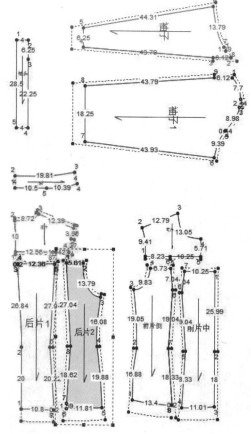

图5-1-10　衣片按人体正常着装位置摆放

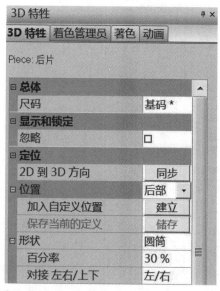

图5-1-11　设置衣片"位置"和"形状"

注：在"3D 特性"中的"位置"选项中，"左、右边臂下"是指两片袖中的小袖，"左、右边臂"是指两片袖中的大袖。

（3）衣片设置完位置、形状后，需要在"3D 特性"中的"层数"中进行分层设计。其中与人体最近的一层为第一层，依次向外排。如图 5-1-12 所示。

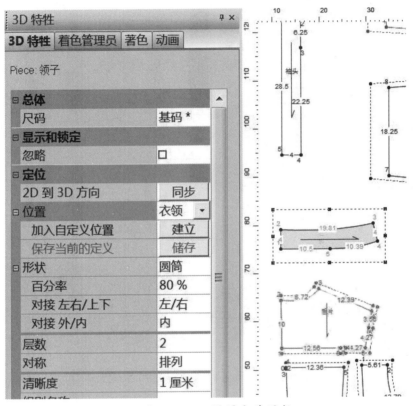

图5-1-12　设置衣片层数

注：通常领子、袖子设置为衣身外一层。

对称款式前中门襟的设置应首先选中该衣片，在"3D 特性"中"对称"中进行选择，"排列"是指门襟并排摆放，如前中加拉链的款式；"上面"和"下面"是指操作区中的衣片穿着后左右片的搭接情况，即左搭右或右搭左，搭在上面的就选"上面"，否则选"下面"。

五、摆放样板

（1）第一次摆放样板时，需要选中所有的样板，点击"3D 特性"中的 2D 到 3D 方向的"同步"，然后再选择 3D 试衣操作工具中的"放置布料 🔲"工具，进行布料放置操作。如图 5-1-13 所示。

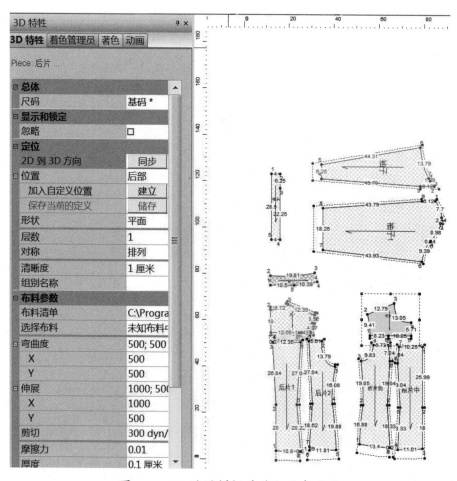

图5-1-13　放置样板前进行同步设置

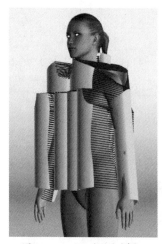

图5-1-14　摆放样板

（2）在3D试衣操作区中将样板摆放到合适的位置。如图5-1-14所示。按住Ctrl+左键，是对样板的平面移动；按住Ctrl+右键，是对样板的前后移动；按住Ctrl+左右键，可以旋转样板。

注：如果不按住Ctrl键，进行上述操作，则移动的是3D模特，而非样板。

（3）模拟悬垂 ▶ 之前检查下缝线缝合得是否正确，即蓝色线是否交叉等。如缝线缝合错误，点击"显示缝线模式 ▣"，进行缝合操作的修改，首先利用框选选中一组缝线中的其中一条线，选择键盘"Delete键"，则光标变成橡皮擦形，选中该

线的任一端点，则之前的缝合
操作取消，可进行进一步的缝
合。修改完之后，点击 3D 试
衣操作工具栏中的"更新布料

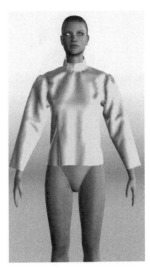

"工具。如缝线缝合没有问
题，则点击 3D 试衣操作工具栏
中的"模拟悬垂 ▶ "工具，进
行样板的 3D 缝合。如图 5-1-15
所示。

（4）如缝线缝合没有问题，
则点击 3D 试衣操作工具栏中的
"模拟悬垂"工具，进行样板的
3D 缝合。如图 5-1-16 所示。

图5-1-15　检查缝线是否交叉　图5-1-16　模拟悬垂操作

六、对样板衣片进行著色、着色管理员操作

（1）首先对衣片进行着色操作，可单个样片进行选择，也可将样片整体进行选择，选择
完毕后，在着色工具盒下选择"加入层数 ⎗ "工具，为衣片选择面料图案。如图 5-1-17、
图 5-1-18 所示。

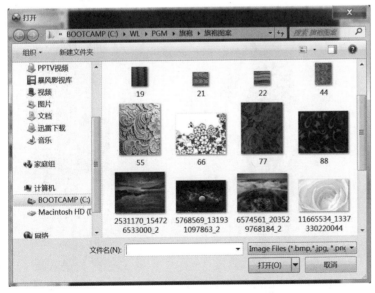

图5-1-17　为衣片著色操作　　　　　图5-1-18　单个衣片著色完毕

图5-1-19 整体样片着色完毕

（2）如多个样片采用同一面料，则需要选中多个样片，进入"着色管理员"选中已选面料，再选"分配选择着色集 🖌 "工具，则完成多个样片的面料设计。如已完成上述操作，当修改任一样片面料时，则多个样片的面料同时被修改。如需仅修改其中一个样片的面料，则需要先选中该样片，再进入"着色管理员"工具盒中选择"清除对象 🍒 "工具，则该样片的面料取消，可重新再设计。如图 5-1-19 所示。

注：在选择多个样片时，用鼠标从左至右框选，需要将样片全部框选住，如从右至左框选，则只需将样片的部分框选住即可。

（3）在着色工具盒下面可设置面料的颜色、透明度、角度等。如图 5-1-20、图 5-1-21 所示。

（4）可在 3D 工具栏中选择"编辑纹理 🎨 "工具，对面料纹理进行手动设置。其中鼠标左键是对面料图案进行滚动设置，鼠标右键是对面料图案进行大小设置，鼠标左右键同时按住是对面料图案进行旋转设置。如图 5-1-22 所示。

图5-1-20 设计面料参数

图5-1-21 样片面料参数修改后

图5-1-22 样片面料纹理手动修改后

　　注：可对样片加入多层面料，其中上层面料最好透明度高。

　　（5）进行3D动画设置。首先选择动态走秀模特，为该模特试衣，试衣完成后，打开"动画"工具盒，设置好录像保存路径等，点击"Play"，则该试衣模特便开始走秀模式。在走秀过程中，还可截取走秀过程中的动态画面并保存。如图5-1-23～图5-1-27所示。

图5-1-23　选择动态模特试衣

图5-1-25　设置动态录像保存路径等

图5-1-26　动态截取图片1

图5-1-27　动态截取图片2

图5-1-24　为动态模特试衣

第二节 3D试衣操作工具介绍

3D 试衣操作工具栏如图 5-2-1 所示。

图5-2-1 3D试衣操作工具栏

1. 更新

功能：用于二维纸样、缝线等修改后，更新三维窗口中的衣片。

操作说明：二维修改完后，点击"更新"工具，则三维窗口中的衣片重新回到"放置布料"的步骤。

2. 清除布料

功能：用于清除三维窗口中的衣片和测量标示线等，还可用于清除 3D 窗口。

操作说明：点击"清除布料"工具，则 3D 窗口中的布片消失。点击"清除布料"右边的小箭头，打开下拉菜单，可选择"清除线"或"清除 3D 窗口"工具，操作同上。

3. 放置布料

功能：用于将二维布片放置到三维窗口中。

操作说明：点击"放置布料"工具，则三维窗口中便显示出二维中设置好的布片。

4. 模拟悬垂

功能：用于将三维窗口中的布片穿着到模特身上。

操作说明：在三维窗口中放置完布料，并将衣片调整到合适的位置，点击"模拟悬垂"工具，则衣片便逐渐缝合，最终穿着在模特身上。

5. 缝线

功能：用于缝合二维窗口中的衣片。

操作说明：点击"缝线"工具，则光标变成小缝纫机的样子，这时便可进行衣片结构线的缝合操作。缝合的方法见上一节中的缝合操作。

6. 显示和选择缝线模式

功能：用于显示二维窗口中的缝线。

操作说明：在三维窗口中检查缝线缝合是否正确时，可能发现有缝合错误的缝线，这时就需要显示二维窗口中的缝线，点击该工具即可，缝线显示出后，便可对缝线进行修改操作了。

7. 取消群组和组合

功能：用于将三维窗口中的样片进行组合（或取消），以便整体（或单独）移动。

操作说明：点击"取消群组"工具，则三维窗口中的样片便成了单独的个体，可单独移动，点击"取消群组"工具右边小箭头，打开下拉菜单，可选择"组合"工具，该工具可将三维窗口中的样片群组起来，进行整体移动操作。

8. 编辑纹理

功能：用于手动设置三维窗口中的样片图案。

操作说明：点击该工具，便可利用鼠标修改三维窗口中样片的图案大小、角度等。其中鼠标左键是对面料图案进行滚动设置，鼠标右键是对面料图案进行大小设置，鼠标左右键同时按住是对面料图案进行旋转设置。

9. 3D 移动

功能：用于在三维窗口中对样片进行 3D 移动、旋转、转换等操作。

操作说明：点击"3D 移动"工具，在三维窗口中出现 3D 坐标轴，可按住坐标轴移动样片，该移动是临时状态，刷新后取消该操作。衣服穿完后，可通过此工具移动样片。点击"3D 移动"工具右边的小箭头，打开下拉菜单，可选择 3D 纸样旋转、3D 比例纸样、3D 变换纸样工具，操作同"3D 移动"工具。

10. 3D 文字

功能：用于在三维窗口中输入说明性的文字等。

操作说明：点击该工具，在三维窗口中需要添加文字的位置点击鼠标，则弹出"文字对话盒"，输入相应的文字，点击确定，文字便出现在三维窗口中，拖动文字到合适的位置点击鼠标左键即可。

11. 魔术手套

功能：用于在三维窗口中调整衣服穿着后衣角的位置。

操作说明：点击该工具，按住鼠标左键拖动衣角，可将未穿着合适的衣角通过手动拖拉至合适的位置。

12. 人体特性

功能：用于显示模特数据及测量模特尺寸。

操作说明：点击"模特儿特性"工具，可打开模特儿特性窗口，以便查看模特尺寸。点击"模特儿特性"工具右边的小箭头，打开下拉菜单，可选择"加入卷尺量尺寸"和"加入圆周量度尺寸"工具，以便对模特尺寸进行测量，测量的数据会显示在三维窗口中，如需删除这些数据及标示线，可选择"清除布料"下面的"清除线"工具。

13. 模拟特性

功能：用于显示布料及缝线等的参数。

操作说明：点击"模拟特性"工具，弹出模拟特性对话框，可以查看布料弯曲度等参数。点击"模拟特性"工具右边的小箭头，打开下拉菜单，可以选择动画、编辑照明等操作，操作方法同上。

14. 载入模特儿

功能：用于为三维窗口加载模特。

操作说明：点击"载入模特儿"工具，打开加载模特对话框，选择合适的模特，点击确定，则三维窗口中显示该模特。点击"载入模特儿"工具右边的小箭头，打开下拉菜单，可选择储存模特、储存衣服、快照、打印模特儿工具，这些工具的操作如上。

15. 显示 / 隐藏模特儿

功能：用于显示 / 隐藏三维窗口中的模特。

操作说明：点击该工具，该工具被选中，则三维窗口中的模特被隐藏，再次点击该工具，则模特显示出来。点击该工具右边的小箭头，打开下拉菜单，可选择相应的显示操作工具。如张力图、显示独特色彩、显示透视弹性、显示阴影、自动旋转、全图观看、显示数据等。如图 5-2-2 ～图 5-2-6 所示。

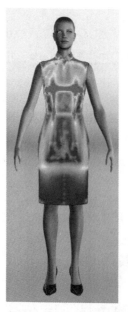 

图5-2-2　张力图　　图5-2-3　显示独特色彩

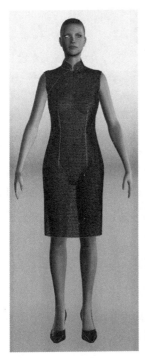 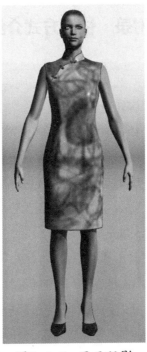 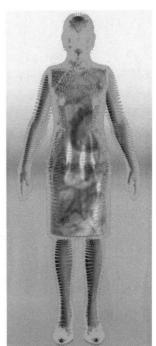

图5-2-4 显示透视弹性　　图5-2-5 显示阴影　　图5-2-6 显示数据

附录　快捷方式介绍

1. 　－　　　　　　　　　所选线水平旋转 – 旋转所选线水平

2. 　Shift+－　　　　　　旋转所选线垂直

3. 　.　　　　　　　　　锁定鼠标箭头垂直位置，因此只能水平移动

4. 　Shift+.　　　　　　锁定鼠标箭头水平位置，因此只能垂直移动

5. 　Ctrl+.　　　　　　　UnLock the Mouse cursor after a horizonal/Vertical lock

6. 　Shift+Alt+.　　　　Screen Coordinates　– Show or Hide the interactive cursor position

7. 　/　　　　　　　　　设定基线方向

8. 　Shift+/　　　　　　旋转至基线 – 旋转纸样跟基线平行

9. 　Ctrl+/　　　　　　　新基线 – 建立新基线放于纸样中心

10. 　[　　　　　　　　　逆时针方向旋转 – 逆时针方向旋转纸样

11. 　\　　　　　　　　　其余设定［P］…… – 设定其余设定应用

12. 　]　　　　　　　　　顺时针方向旋转 – 顺时针方向旋转纸样

13. 　`　　　　　　　　　模拟悬垂性

14. 　Shift+`　　　　　　衣料位置

15. 　Ctrl+`　　　　　　　3D 清除 – 清除衣料

16. 　Ctrl+Shift+`　　　模拟特牲

17. 　=　　　　　　　　　垂直反转 – 反转纸样垂直

18. 　Shift+=　　　　　　水平反转 – 反转纸样水平

19. 　Ctrl+=　　　　　　　沿线反转 – 沿着纸样所选线段反转内部物式

20. 　0　　　　　　　　　缝线 – 显示或隐藏缝线数据

21. 　Shift+0　　　　　　显示非放码点

22. 　Ctrl+0　　　　　　　全部变平 – Flatten All Patches

23. 　1　　　　　　　　　纸样窗口［P］

24. 　Shift+1　　　　　　计算器 – 显示或隐藏计算器窗口

25. 　Ctrl+1　　　　　　　绘画路径 – Draw pins and lines on 3D Model

26. 　2　　　　　　　　　放码表 – 显示或隐藏放码表

27.	Ctrl+2	3D 剪口 – Add a 3D Notch on a 3D line or pin
28.	3	工具盒［T］
29.	Ctrl+3	3D 钮位 – Insert a 3D Button
30.	4	款式副组 – 显示或隐藏现用款式副组
31.	Ctrl+4	3D 死褶 – Draw Dart location on 3D Model
32.	5	线段长度 – 测量及比较线段长度
33.	Ctrl+5	3D 基线 – Set 3D Baseline Direction
34.	6	Pieces Table – 显示或隐藏纸样排列
35.	Ctrl+6	编辑大头针 – Move a Pin and Edit a 3D Line
36.	7	3D 视图 – 显示或隐藏 3D 视图窗口
37.	Ctrl+7	建立片 – Build and Flatten Patches
38.	8	3D 特牲 – 显示或隐藏 3D 特性于现用所选缝线或纸样
39.	Ctrl+8	建立多个片 – Build a Patch from multiple closed areas
40.	9	阴影 – 显示或隐藏阴影窗口
41.	Ctrl+9	所选择变平 – Flatten Selected Patches
42.	A	弧形 – 建立弧形于纸样内
43.	Ctrl+A	全部选择［A］– 选择全部纸样或缝线
44.	B	建立纸样 – 从现用纸样面积建立纸样
45.	Ctrl+B	描绘线段 – 描绘线段至建立新纸样
46.	Ctrl+Alt+B	加入钮位 – 加入钮位（打孔）
47.	Ctrl+Shift+B	描绘纸样 – 从内部图建立新纸样
48.	C	裁剪纸样
49.	Shift+C	复制放码 – 复制所选点放码数值
50.	Ctrl+C	复制 – 复制所选纸样于窗口剪贴簿
51.	Ctrl+Alt+C	圆形 – 建立内部圆形
52.	Ctrl+Shift+C	沿内部裁剪纸样 – 沿内部裁剪线
53.	Ctrl+Shift+Alt+C	两个切线圆形 – 建立切线给两个圆形
54.	D	草图 – 草图纸样或内部图形
55.	Ctrl+D	长度 – 测量距离
56.	Ctrl+Alt+D	加入或旋转死褶 – 建立死褶或移褶

57.	E	延长内部 – 延长内部图形、圆形或死褶
58.	Shift+E	建立点连接［P］– 建立所选点连接
59.	Ctrl+E	加入点及建立连接［A］– 由所选点及连接加入点于接近图形
60.	Shift+F	向内对折 – 建立对折图形及根据线裁剪纸样
61.	Ctrl+F	呈现填满颜色给纸样于工作区内
62.	Ctrl+Shift+F	对折后打开 – 从所选择的内部图形建立对折打开
63.	G	对齐点 – 对齐个别点
64.	Shift+G	按辅助线裁剪［G］– 由辅助线裁剪现用纸样
65.	Ctrl+G	复制［C］– 复制所选线段至剪贴簿
66.	Ctrl+Alt+G	删除全部辅助线
67.	Ctrl+Shift+G	网格［D］– 显示网格点
68.	Ctrl+Shift+Alt+G	显示辅助线［L］– 显示或隐藏辅助线
69.	H	设定半片纸样线 – 将纸样设定半片线
70.	Shift+H	开启半片 – 开启半片纸样
71.	Ctrl+H	关闭半片 – 关闭半片纸样
72.	Ctrl+Alt+H	设定对称线
73.	Ctrl+Shift+Alt+H	锁定鼠标箭头垂直位置，因此只能水平移动
74.	I	移动内部 – 移动及复制内部
75.	Shift+I	选择内部 – 拖拉矩形选择内部对象周围
76.	Ctrl+I	纸样资料［I］– 视图现用纸样资料
77.	Ctrl+Alt+I	复制内部对象［O］– 复制现用纸样所选内部对象
78.	Ctrl+Shift+I	更改多个内部特性［I］– 更改总体内部参数
79.	J	合并纸样 – 连接或（及）合并二片纸样
80.	Shift+J	合并图形 – 合并没有关闭内部图形
81.	Ctrl+K	安排工作区 – 全部纸样于工作区安排绘图
82.	Ctrl+Shift+K	安排工作区于大间隙 – 宽大移动全部纸样于工作区安排绘图
83.	L	生褶 – 建立工字褶或刀褶
84.	Shift+L	生褶线 – 在纸样中建立生褶线
85.	Ctrl+L	绘图 – 绘图工作区内纸样

86.	M	移动点
87.	Shift+M	沿着图形移动点
88.	Ctrl+M	按比例移动点 – 移动所选比例移动
89.	Ctrl+Alt+M	移动点 – 移动一连串点
90.	Ctrl+Shift+M	平行移动点 – 移动固定线段（平行移动）
91.	N	加剪口
92.	Shift+N	加剪口于点中 – 加入剪口于点上 \N 剪口于点上
93.	Ctrl+N	开新文件 – 建立新款式文件
94.	Ctrl+Shift+N	在全部剪口上加点…… – 在图形加入点于剪口位置
95.	O	加入点于图形 – 加入点在线段
96.	Shift+O	加入点 – 加入点于纸样图形
97.	Ctrl+O	开启 – 开启现有款式文件
98.	P	建立平行 – 所选线段建立内部平行图形
99.	Shift+P	平行延长 – 延长所选纸样部分或平行内部图形
100.	Ctrl+P	打印 – 打印工作区内纸样
101.	Ctrl+Alt+P	黏贴内部对象［S］ – 黏贴内部于现用纸样
102.	Ctrl+Shift+Alt+P	设定线段的点位置于 " 草图工具 " 模式 .
103.	Q	多个移动 – 拖拉矩形选择移动内部对象及点
104.	Shift+Q	加入支持曲线点［A］…… – 加入有需要支配点给予曲线
105.	Ctrl+Q	清除多余点［U］…… – 把输入或读入之纸样内的外余点删除
106.	Ctrl+Alt+Q	定义［D］…… – 相等线段：建立 / 删除组别及线段
107.	R	旋转纸样 – 旋转纸样或（选择工具及按 "SHIFT"）全部选择纸样
108.	Shift+R	旋转全部选择纸样旋转所选
109.	Ctrl+R	圆角
110.	Ctrl+Alt+R	复原固定位置［R］ – 复原纸样之前储存位置
111.	Ctrl+Shift+R	打印报告
112.	Ctrl+Shift+Alt+R	放码表库 – 显示或隐藏放码表库
113.	S	加缝份 – 加缝份于线段

114.	Shift+S	移除缝份
115.	Ctrl+S	储存－储存现用文件
116.	Ctrl+Alt+S	固定位置［F］－储存现用纸样位置
117.	Ctrl+Shift+S	另存新檔［A］……－储存现用文件为新文件名称
118.	Ctrl+Shift+Alt+S	移除线段缝份
119.	T	文字－加入或编辑内部文字于纸样上
120.	Shift+T	整理－整理内部线
121.	Ctrl+T	清除痕迹线［C］－移除全部纸样的全部痕迹线
122.	Ctrl+Alt+T	痕迹线［T］－当每次移动时建立痕迹线
123.	Ctrl+Shift+T	描绘及整理－描绘及整理内部
124.	Ctrl+Shift+Alt+T	显示痕迹线［S］
125.	U	缝线－建立缝线
126.	Shift+U	显示缝线模式－显示及选择缝线模式
127.	Ctrl+U	显示尺码于排料图表中
128.	Shift+V	黏贴放样－黏贴 X＆Y 放码数值
129.	Ctrl+V	黏贴－由剪贴簿黏贴纸样于开启款式文件
130.	Ctrl+Shift+Alt+V	锁定鼠标箭头水平位置，因此只能垂直移动.
131.	W	步行－步行纸样
132.	Ctrl+W	设定步行［O］－设定步行步幅之数值及比率
133.	Shift+X	黏贴 X 放码－黏贴 X 放码数值
134.	Ctrl+X	裁剪－移除纸样及放在窗口剪贴簿上
135.	Shift+Y	黏贴 Y 放码－黏贴 Y 放码数值
136.	Ctrl+Y	再作［R］－再做之前复原指令
137.	Shift+Z	描绘纸样分区－使用描绘工具建立分区
138.	Ctrl+Z	复原［U］－复原之前指令
139.	Ctrl+Alt+Z	放大
140.	Ctrl+Shift+Z	建立纸样分区－使用建立工具创造分区
141.	F1	帮助索引－列出帮助主题
142.	Shift+F1	在线辅助说明
143.	F2	显示线方向对话盒给裁剪、轴线、草图、生褶及容位工具

144.	F3	锁定纸样［L］－允许只选择纸样编辑
145.	F4	仅看基本码［H］－显示所有尺码或仅显示基码
146.	Shift+F4	尺码表［S］……－定义纸样名称及基码
147.	Ctrl+F4	放码表－显示或隐藏放码表
148.	F5	转换裁剪/车缝［W］－转换纸样裁剪或车缝图形
149.	Shift+F5	转换纸样到车缝［S］－转换所有纸样为车缝线
150.	Ctrl+F5	转换纸样到裁剪［C］－转换所有纸样为裁剪线
151.	F6	重新计算缝份［M］－所选纸样重新计算缝份
152.	Shift+F6	更新剪口、死褶及生褶［N］－所选纸样更新剪口、死褶及生褶于缝份上
153.	Ctrl+F6	缝份［M］－显示缝份
154.	Ctrl+Shift+F6	重新计算缝份于所选纸样及保持放码
155.	F7	抓取
156.	Shift+F7	Snap to Stripe
157.	F8	显示缘线段长度
158.	Shift+F8	显示内部图形长度
159.	F9	分开纸样－分开所选纸样于工作区内
160.	Num +	放大
161.	Ctrl+Num +	按矩形放缩－按所选矩形放缩
162.	Shift+Num +	条子－显示条纹线
163.	Ctrl+Shift+Num +	直尺－显示或隐藏直尺
164.	Shift+Del	删除［D］－删除所选纸样
165.	Shift+Del	裁剪－移除纸样及放在窗口剪贴簿上
166.	End	选择工具
167.	Esc	之前工具
168.	Shift+F10	一般视图特性
169.	F10	视图及选择［V］
170.	F11	转换方向［D］－更改步行方向（顺时针、逆时针）
171.	Shift+F12	移动纸样剪口［M］－加入剪口于移动纸样
172.	F12	步行操作时在对齐位置打剪口［N］－加入剪口于移动和

不动纸样

173. Ctrl+F12	固定纸样剪口［S］– 加入剪口于不动纸样
174. Shift+Ins	黏贴 – 由剪贴簿黏贴纸样于开启款式文件
175. Ctrl+Ins	复制 – 复制所选纸样于窗口剪贴簿
176. Home	全图观看 – 全图观看（按 Shift 选择放缩）
177. Ctrl+Home	选择放缩 – 选择纸样放缩
178. Shift+Home	选择放缩 – 选择纸样放缩
179. Num −	缩小
180. Num ★	全图观看 – 全图观看（按 Shift 选择放缩）
181. Ctrl+Space	所选内部移动
182. Backspace	删除 – 删除点、剪口、内部……
183. Alt+Backspace	复原［U］– 复原之前指令
184. Shift+Backspace	在先用鼠标箭头选择其他接近对象
185. Shift+Alt+Backspace	再作［R］– 再做之前复原指令
186. Ctrl+Shift+Left Arrow	之前点 – 到之前点
187. Ctrl+Shift+Right Arrow	下一点 – 到下一点